曾仕强◎著

明理

曾仕强说做人做事的道理

北京联合出版公司
Beijing United Publishing Co.,Ltd.

图书在版编目（CIP）数据

明理：曾仕强说做人做事的道理 / 曾仕强著. —
北京：北京联合出版公司，2022.4（2024.3 重印）
    ISBN 978-7-5596-5871-5

Ⅰ.①明… Ⅱ.①曾… Ⅲ.①人生哲学—通俗读物
Ⅳ.① B821-49

中国版本图书馆 CIP 数据核字（2022）第 022124 号

明理：曾仕强说做人做事的道理

作　　者：曾仕强
出 品 人：赵红仕
选题策划：北京时代光华图书有限公司
责任编辑：徐　樟
特约编辑：太井玉
封面设计：柏拉图
版式设计：周文秀

北京联合出版公司出版
（北京市西城区德外大街 83 号楼 9 层　　100088）
北京时代光华图书有限公司发行
文畅阁印刷有限公司印刷　　新华书店经销
字数 97 千字　　787 毫米 × 1092 毫米　　1/16　　11.75 印张
2022 年 4 月第 1 版　　2024 年 3 月第 4 次印刷
ISBN 978-7-5596-5871-5
定价：58.00 元

版权所有，侵权必究
未经书面许可，不得以任何方式转载、复制、翻印本书部分或全部内容。
本书若有质量问题，请与本社图书销售中心联系调换。电话：010-82894445

| 目录 |

前言 / 1

第一章　真实 / 001

> 西方人相信"眼见为实",认为自己亲眼所见的必然是真实的。此外,我们还应该加上"眼不见为实",两者配合,思虑才能得其全。

第二章　良善 / 011

> 动机不良善,中国式管理的功效不但很小,而且可能会造成人与人之间互相不信任的严重后遗症。

第三章 道德 / 019

> 西方的管理重视制度，中国式管理重视恕道，投入务求"真"，产出必须合"德"，将伦理和道德合一，才是中国式管理的品质所在。

第四章 德治 / 029

> 德法不足以自行，中国式管理将法治提升到德治的层次，以安人为最高目标。

第五章 法治 / 041

> 西方人的"法"是显性的，一切依法办理，看起来好像法在治理，大家称为法治。我们的"法"则是隐性的，通常放在腹中，不从嘴巴说出来，以免"谈法伤感情"。

第六章 均等 / 053

> 我们常说："一家公司要成功，需要很多很多因素。但是一家公司的失败，只需要一个因素就够了。"

目 录

第七章　居中 / 063

> 居中的目的,在于随机策应四面八方蜂拥而来的压力,既不能专横强制,也不能屈膝降服。

第八章　无为 / 073

> 德行良好,是无为而治的必备条件;无为而无成,便不配谈管理。必须无为而有成,无为却无不为,才算管理。

第九章　创新 / 083

> 创新是必然的,不创新即落后,这是中华文化的基本精神。但是,新有好也有坏,新有优也有劣,必须谨慎小心,保证好的新和优的新,才能促进社会进步,造福人类。

第十章　尊客 / 093

> 顾客的兴趣,固然十分重要,但是本末不能颠倒,轻重也不能忽略。吃喝玩乐可以引起众人的兴趣,也足以毁掉一切。把顾客的兴趣从吃喝玩乐上巧妙地转移到自己的产品上来,这才是正确的市场运作方式。

第十一章 考验 / 103

> 中国式管理，以"一视同仁"为基础，经由不断的考验，带出"差别待遇"的核心团队。

第十二章 制衡 / 115

> 对事的制衡，重在看得见的有形部分；对人的制衡，最好采取看不见的无形运作。

第十三章 小异 / 125

> 我们提倡"差不多"就是不能差太多，我们倡导"世界大同"，却不是要"世界一同"，而是"和而不同"。大同之下有小异，尊重每一个人对每一件事的"小异"，已经成为现代人必须具备的基本修养。

第十四章 预防 / 135

> 中国式管理，十分重视未雨绸缪。凡事预防重于救急，必须设法防患于未然，才显得考虑周到。

第十五章　包容 / 145

> 多元化是免不了的现象，如何在多元化中，做出此时此地的一元选择，这才是包容性的必要条件。

第十六章　简易 / 155

> 一句话有好几种解释，这是十分常见的事情。每当听到一句话，如果是自己重视的那一句，当然要费心研判。久而久之，自然会找出精准的简易性，愈来愈轻松。

第十七章　交互 / 165

> 上司要看得起部属，部属要对得起上司。一方面"看得起"，一方面才"对得起"，彼此是相对的，称为交互性。有一方面"看不起"，就可能引起另一方面的"对不起"，这才是合乎人性的互动法则。

前言

中国式管理的特性

管理这一门学问,源远流长。中国如果缺乏管理,万里长城如何筑成?郑和下西洋时,通信设备远不如现代,如果没有管理,他是怎么统率那么庞大的船队的?如果没有管理,晋商、徽商、浙商的辉煌成就又怎么能够展现?

有些人推崇美国式管理,也承认确有日本式管理,却怀疑中国式管理的存在。若非长他人威风,灭自家志气,便是以西方的思维标准来检验中国的管理行为,因而看不出端倪。

中国式管理的最大特性,在于伦理与管理的合二为一。做人做事的道理合在一起,便是管理。许多人听了半天课,看了很久的书,只听出、看出了做人的道理,却看不出做事的方式,这便是用西方管理的观点来审视我们的管理。

人都做不好,管理怎么可能上轨道?人都不知道怎么做,又何以奢谈管理？这便是许多人迄今尚不能知晓的道理。

与其他国家的人相比，中国人格外思虑周全。

人需要自由，但是这种自由必须加以合理地节制。儒道两家，都在倡导适当地控制人欲。过分贪婪，为儒、道、释三家所禁忌。法律的威力，远不及其所造成的漏洞。何况德法不足以自行，无论立法、司法、执法都在于人。把人做好，应是一切事业的基础。

美国式管理，经过金融风暴的洗礼，已经不得不做出调整。自由市场和市场机制的功能遭受很大的质疑。一切私有化，未必真的比国有的更好，更可靠。

法国凡尔赛宫的游览介绍，随着中国游客的增加，也开始使用中文。新加坡每逢选举，候选人都极力表明自己懂得中文，以争取选民的支持。全世界各地，学中文的风气日盛。统计上网人口数量，中国人稳居第一。我们做梦也没有想到，富有的美国，在经济方面，竟然需要中国的大力支持。

我们走自己该走的路，时机已经成熟。中国式管理，在跌跌撞撞之中，应该是可以站稳脚步，知晓如何发扬光大了。中西文化，原来应该求同存异，彼此尊重，互相包容，以求和平发展，促使地球村在和谐气氛中合理顺成。

风水轮流转。依据历史的规律，中华民族的复兴，势必

前言

在管理上有一番作为。修己安人，必然有继旧开新的意义。持经达变，也将成为 21 世纪普遍流行的管理总法则。而这一切，终必引起大易管理的兴起，把《易经》之理充分应用到实际的管理运作之中。

趋时顺势，先把中国式管理的基本特性做深一层的探讨和了解，我们期望这本小书，可以提供大家作为思虑、选择和判断的参考。尚祈各界先进朋友，不吝赐教，万幸。

曾仕强

第一章
真实

西方人相信"眼见为实"，认为自己亲眼所见的必然是真实的。此外，我们还应该加上"眼不见为实"，两者配合，思虑才能得其全。

西方文化以科学为主要支柱,科学的精神在于求真,西方的管理也重视真实性。譬如,预决算制度的执行若是出现预算等于决算的情况,西方人会认为是由于预算时十分用心地估算、执行时也格外小心,所以控制得很精准。只要真实,大家也不会怀疑是不是做了假账。

中华文化以道德和艺术为两大基石,而无论是道德还是艺术都以善为主。中国式管理,既然是中华文化的产物,当然在求真之外,还要重视善的成分,真实过头了反而会令人不敢相信。决算和预算完全一致,大多数人都会怀疑是不是做了假账,拿不实的单据来核销。否则,怎么可能那么精准,一年前做的预算和一年后的决算相等,凡人哪里做得到?

若是决算大于预算,数额不大,还说得过去。因为,物价会上涨,大家都能够接受。但是如果决算比预算数额大得太多，有人就会怀疑，是不是做预算的时候已经存心不良，采取头小尾大的策略，先提出小额预算，这样比较容易通过，然后不断追加投入，成为巨额决算。这种类似蒙骗的伎俩，大家必然会异口同声加以指责，然而，敢这样做的人，大多有很硬的靠山，或者强有力的支撑，大家多是敢怒却不敢言。

> 中国式管理，既然是中华文化的产物，当然在求真之外，还要重视善的成分，真实过头了反而会令人不敢相信。

如果决算小于预算，大家的第一反应是，怎么会这样？居然有钱不会用？这还不打紧，如果出现这种情况，明年这个项目的相关预算，不被削减才怪。通常情况是，用预算中多出的部分添购一些零件或辅助用品，把预算消化掉，只要不涉及贪图私人利益，这样做也应该属于光明正大的行为。甚至有人会和厂商谈妥，先把余额含在发票当中，明年再来冲抵。厂商当然乐于全力配合，这对他们来说，不过举手之劳。也有厂商把尚未交货的发票开过来，以利于办理决算，待最近的未来（或者说比较合适的机会），货送到时，经验收无误后，再行付款，彼此合作无间。

如果居然出现决算小于预算的情况，让人老实地把余钱奉还，大家必定会仔细查核，究竟是什么原因。

第一章 真实

我们国家有五千年的历史,在这漫长的岁月里,什么事情没有发生过?又什么花样没有出现过?我们中国人之所以具有如此之高的警觉性,对任何事情都引起相当程度的怀疑,是屡经教训、吃尽苦头后所累积的宝贵经验。我们擅长鉴古知今,由历史的记载中寻求所需要的方策。

如果用 A 代表预算金额,用 B 代表决算金额。A 和 B 这两个变数之间除了 A=B、A<B 以及 A>B 这三种情况之外,难道还有其他的花样吗?我们往往对这三种情况都有所怀疑。应该如何处理才能够获得大家的信任,在审核过程中顺利过关呢?

> 中国式的管理,使人不能不重视自己的品德修养,也使人不得不注重自己的诚信。

说起来很可能会令人失望,因为这个合适的处理策略的关键,仍然离不开以人为本的基石。换句话说,问题还是在人的身上。这个项目负责人的人品是大家能不能相信所产生的结果的决定性因素。

"品"这个字,一共三个"口",表示众人都认定的意思。一个人说了不算,两个人说的可能是凑巧,或者迫于形势,众人口径一致,异口同声说没有问题,那还有什么问题呢?

可见,中国式管理中人的因素十分重要。人的诚信是千古不移的根本，虽然这很难估量，不容易具体明确，大家却非常重视。反过来说，如果连人都不重视，岂不是人把人自己看轻了？贬低自己的地位，对人类社会而言，有什么好处？人的地位崇高，做人才有价值；人的因素重要，做人才需要努力。中国式的管理，使人不能不重视自己的品德修养，也使人不得不注重自己的诚信。

我们常说"公道自在人心"，意思是大家都心知肚明，有一个清楚明白的答案。群众的眼睛是雪亮的，社会大众的心中，都有一把看不见的尺，衡量得很精准。

西方人认为数字会说话，鼓励大家依据数字来管理。不错，对西方人来说，数字是很精准的，一就是一，二便是二，根本用不着争议。然而，中国人的艺术修养使得数字增加了许多弹性。我们喜欢说"好几个"，却不明确说明到底是几个。因为说得明确，就会成为死的数字，完全没有弹性，最后还是逼死了自己，到时候才后悔没有自留余地，岂非活该！

如果问西方人士："你们那边来多少人？"对方回答："三个。"来的果真就是三个人，这是西方人的真实性。若是问中国人："你们那边来多少人？"对方回答："三个。"到时候很可能会来两个人或者五个人,而且他们的理由十分充足,不是"有一位临时生病,所以不能来",便是"有两位是将来要承办业务的人,怕接续不上,所以特别请他们一起来",似乎十分在理,令人不能不欣然接受。

在西方社会,人数确定下来后,所有的准备工作也都跟着定下来了。座位、餐点、茶杯,一个不多也一个不少。来的人增加一个,便会供应不上,只好从缺。中国社会,谁敢算得那么精准?如果算得这么精准,不挨骂才怪。"为什么不多准备几份?这么死脑筋,办什么事?"脑筋一灵活,数字当然随之具有弹性,不那么精准了。

任何承办过大型会议的人,都知道会议场所的决定是十分困难的事情。因为届时有多少人参加,应该找多大的场所,谁也料不准,不敢决定。预订了一个相对比较大的场地,万一参加的人不够多,又会显得空空荡荡、稀稀落落,大家一定痛骂:"为什么找这么大的地方?想在这里开舞会?"预订了一个相对比较小的场地,人多了太拥挤,大家必然又会抱怨:"挤得像沙丁鱼罐头,快喘不过气了!"我们骂人,只要不当着领导的面,什么难听的话都骂得出来。即使说明实际困难——"原先答应前来参会的人很多,临时由于有急事,以致不能到场",或者"最近刚好发生很多类似的事情,引起大家的关注，所以临时增加了很多人"。大家的反应多半也是"这点小事都办不好，换人算了"！

许多人看到西方管理十分重视"制衡"，一关卡紧一关，似乎很严谨，让人很放心。相形之下，便认为中国式管理在这方面显得很松懈，容易导致腐败。实际上，中国人对腐败等一些不对的事情，骂得是很难听的。因此，众口铄金，背地里的诅咒也具有一种制衡作用。十手所指，十目所视，难道不能吓阻？

西方人相信"眼见为实"，认为自己亲眼所见的必然是真实的。此外，我们还应该加上"眼不见为实"，二者配合，思虑才能得其全。眼睛看得见的部分，固然很真，眼睛看不见的部分，往往更为实际，丝毫都不能够忽略。

会议通知发出去之后，接到的人如果不重视，便会放置一旁，意思是到时候再决定要不要参加。若是重要会议，接获通知的人士，就会打电话告知相关的人。一方面显示自己的重要性，另一方面则是为了打听对方有没有被邀请，以求进一步了解此次会议的性质。没有获得邀约的人，也会趁机深入了解，以掌握会议的时间和地点，然后通过关系要求主办单位补发通知。要求参加会议的人越多，固然显得这次会议十分重要,备受重视,主办单位很有面子。但原先预订的场所若是容纳不下,现有经费是不是负荷得了,却是不得不面对的难题了。这些情况,不见得为大家所见,却是实际存在的,谁也不能否认,难道这不是说明眼不见为实吗?

管理者必须把看得见和看不见的部分合起来看,才能掌握全局,弄清楚真实的状况。数字只是现实中看得见的部分,却反映不出看不见的部分。为了弥补这方面的缺失,我们刻意将数字弹性化,也就是模糊化。这样做并不是我们缺乏精确意识,或者不重视数字管理,完全是出于实际环境的需要,非如此不可。

然而,这也并不表示我们对于一切数字都要弹性化或模糊化,只要诚信的条件充足,大家充分信任,数字也可以精确化,到时候再改变,大家也不致怀疑。

预算和决算的关系,本来就有很多不确定性,不可能样样都是 A=B,不应该所有项目都呈现 A>B,更不适宜每个项目都是 A<B,如果是这样的话,必然会让人忍不住要怀疑。

> 管理者必须把看得见和看不见的部分合起来看,才能掌握全局,弄清楚真实的状况。

在众多的项目当中,既有

A=B，A>B，也有一些A<B，大家看了，就比较容易相信，因为有变化总归是比较符合实际情况。

　　A和B的数字若是相差太大，便会引起人们的注意。为什么差距这么大？是不是故意的？承办人最好将心比心，站在审核人的立场，事先做好沙盘推演，列举可以让人采信的理由，使审核人能够交代得过去，或者加注某些意见，表示全盘了解。

　　最重要的是不能心存欺骗，骗得过一时，骗不了长久。一旦丧失信用，大家就会对你特别提高警觉，反而增加了自己的难度，明明你说的是真的，大家也会怀疑，就算你一再说明，大家也会认为是"此地无银三百两"，完全是心虚的表现。信用是自己一点一滴逐渐建立起来的，稍有毁坏，便很难恢复。中国人原本就多疑，加上现代信息发达，遇到可疑的情况，人们的警觉性特别高。想骗西方人尚算容易，要骗中国人，实在很困难。

第二章 良善

动机不良善,中国式管理的功效不但很小,而且可能会造成人与人之间互相不信任的严重后遗症。

相传有一天，苏东坡坐禅的时候，好奇地问禅师："我坐得怎么样？"禅师告诉他："你坐得很好，活像一尊菩萨。"东坡十分高兴，回来告诉苏小妹："禅师夸奖我坐禅坐得很好，简直像一尊菩萨。"说完笑个不停。小妹问他笑什么，他说："我笑禅师坐禅的样子，根本就像一堆牛粪。"小妹听了，对东坡说："你错了，人家禅师有慈悲心，看谁都像菩萨；而你满脑子都是牛粪，所以看起来人人都是牛粪。"

　　每个人都是他人的一面镜子，镜外的人怎么想，镜中的人就表现出什么模样。镜中的人百分之百地被反映出来，和镜外的人一模一样。

　　中国式管理，也是如此。忠厚老实的人看出中国式管理诚实、正直的一面；阴险狡诈的人，看出中国式管理欺骗、邪恶的一面。自己丑陋，看起别人来个个都丑陋；内心喜悦，看起别人来个个都很可爱。

举一例说明一下。

老板甲看见员工丙把机器弄坏了，不但没有当场指责，反而关心他有没有受伤，要不要去看医生。然而，老板甲在员工丙不在场时，交代干部乙要员工丙负责把机器修好，应该赔偿的也照章办理。

对于这种"老板自己做好人，却要干部扮演坏人的角色"，便出现过不同的评价。有人说是老板虚情假意，骗取员工的感情，把坏人推给干部去做，难道员工们会那么傻，相信老板的谎言？何况干部乙也很聪明，自然会告诉员工丙，要求他赔偿或修理机器，根本就是老板的意思，希望员工丙不要见怪，更不必当面揭穿老板的虚假面具，以维持彼此之间的和谐。有人则认为老板不当面指责员工丙的失误，反而关心他的身体有没有受到伤害，实在是以人为本的具体表现。在老板的心目中，员工的人身安全远比机器的完好来得重要。所以，先关心部属，确定部属没有受伤之后，再交由干部乙去处置其余的事宜。因为要不要处罚部属，应不应该赔偿或修理机器，基本上都是干部乙的职责。

老板甲知道"上侵下职"（居上位的人，侵犯了下属的职责）是不合理的做法，经常使得干部不知道如何施展自身的才能，以致长期下来变成唯命是从的奴才，丧失了承上启下的作用。不管老板交代干部乙些什么，干部乙都应该衡量实际情况，做出合理的处置。这样的处置方法原本是互相尊重的正常表现，没有什么好人、坏人的角色之分，何必以小人之心来度君子之腹呢？

也有人认为，干部乙直接把老板甲的交代说给员工丙听，实在是出卖老板的不忠行为。老板甲之所以不直截了当地要求员工丙负什么样的责任，是具有自知之明。因为老板甲知道干部乙比他更明白应该如何处置，所以要尊重干部乙，让他去做决定。不管老板怎样交代，干部都应该合理地处置，才是恪尽职责的好干部，怎么可以看成老板要当好人，却让干部去当坏人呢？难道老板怎么交代，干部便完全接受，老板不交代，干部就可以不理会吗？哪一天真的搞到由老板来直接处理员工的事情，那干部存在的价值在哪里？

为什么这样一个简单的个案居然会产生如此多样化的反应？原因是人心不同，所采取的观点也不一样，这才导致产生不一样的看法。老板甲的动

> 每个人都是他人的一面镜子，镜外的人怎么想，镜中人就表现出什么模样。

机究竟是真诚地关心员工的安全，还是奸诈地运用嫁祸给干部的手段？恐怕只有老板甲自己才明白，任何局外人的猜测都未必正确。但是，心存忠厚的人，大都往好处想，而自己奸诈或吃过奸诈的苦的人，则常常往坏处去揣测。

实际上，我们用不着费心思猜测这种永远没有证据的事情。我们不妨改变一下思路，从这位老板平时对待干部和员工的情况就可以明确地判断出老板的真实意图。

老板平日十分小气，对待同人相当刻薄寡恩，经常嘴巴说得好听，却没有实际行动，这样的老板一定不会真诚关怀员工。他不过是耍小聪明，想讨好员工，而把责任推给干部，让干部去扮演坏人的角色。长期和这样的老板相处，干部心中自然领悟，用不着费心替老板承担，干脆在员工面前出卖老板，自己心里也觉得舒坦一点。可见动机不良善，中国式管理的功效不但很小，而且可能会造成人与人之间互相不信任的严重后遗症。大家对老板的所作所为，都笑在心里头，根本产生不了什么作用，觉得不过是一场闹剧罢了，白花力气。

真诚的老板，平日十分关心员工，决不把员工当作工具来看待。先关心员工的安全，再交代干部好好处置，便成为尊重员工（不让员工产生自己不如机器重要的错觉，以致丧失了人本该有的尊严，更觉得老板冷漠无情）、尊重干部（不让干部觉得老板有意在自己面前苛责员工，给自己难堪，也使得员工以后看不起自己，增加自己领导上的困难）的合理表现。既然如此，干部在感激老板之余，当然不敢在员工前面出卖老板，只会动脑筋，想办法去处理好这件事。在这种谨慎用心的情况下，通常会处置得十分妥当。老板既然关心部属，自然也会留意处置的方式和结果，使干部和员工也都小心翼翼，不敢轻易有所反应。因而，减少了很多抱怨与不满，大家愉快地把这件意外事故排除掉，以后的日子，不致由于这件事而留下一些过节。

明智的干部，心里十分明白老板并不是直接承担责任的人，凭什么要他做坏人？老板出资金、冒风险，给这么多人提供工作机会，出了事情还要让他去做坏人，那么，请这么多干部做什么？老板事必躬亲，便是对干部不信任的暗示，干部应该自己检讨加紧改善，改变这种不正常的现象才对，怎么可以自己躲在一旁，袖手旁观，让老板去操心？现在老板表现出关心部属的诚意，也是尊重干部的良好作法，干部更应该好好善后，既不能让员工产生怨责，也不能使老板怀疑自己不尽责，或者认为自己没有处理问题的能力。在这种心态下，又有什么理由可以出卖老板，把他看成奸诈、阴险呢？

思虑得不够深入的人，通常采取立即反应的态度，看到这样的个案，不假思索，马上推论这样的老板心术不正，属于阴险、奸诈，喜欢玩弄手段，实在是自曝其短，使人不想进一步和他谈论问题，以免增加负担。

要研究中国式管理，最好明白中华文化的悠久性，各种事态都经过长期的历练和考验，并不是一般人一眼就能够看出其中端倪的。因此，立即反应实在十分危险，不如冷静下来，更深一层思虑，细细体会其中所蕴含的道理，才不致忽然冒出自己的浅见而贻笑大方。

> 立即反应实在十分危险，不如冷静下来，更深一层思虑，细细体会其中所蕴含的道理，才不致忽然冒出自己的浅见而贻笑大方。

第三章 道德

西方的管理重视制度,中国式管理重视恕道,投入务求"真",产出必须合"德",将伦理和道德合一,才是中国式管理的品质所在。

有一次,在厦门市的街道上看见四个斗大的字,写在某所学校灰旧的墙壁上面,既没有署名,也不很显眼,却着着实实敲醒了人们。这四个字说起来并不新颖,但是对当今社会却具有警世的作用,值得从事教育、培训和管理的人士加以重视。那四个字就是:厚德求真。德指品德,而真即真实。品德要纯朴实在、忠诚厚道;求学要真切实在、不虚假,也就是知之为知之,不知为不知,不能够故弄玄虚,哗众取宠。

管理所研讨的,几乎都是纸上谈兵,很难通过实验证明,因为变数太多,可以说每一次遇到的情况都不一样。但是,有一个"投入—产出"系统始终贯穿着,未曾分离。投入各式各样的资源,产出各式各样的产品或劳务,便是大家常说的管理。投入若干决策,产出某些结果,也是管理。再进一步说，投入真材实料的资源，产出品质良好的事物，才是管理所希望看到的事实。投入务求"真"，产出必须合"德"，合乎品质的要求。

当年俄国的彼得大帝，强制性地推行表面上的西欧化，那些西化的俄国人形成了俄国的知识阶级，他们要将俄国人带入西欧社会的生活方式中。结果，这些人却与俄国同胞隔绝了，有许多人在19世纪不得不移民到西欧各国，在那里生活，又得不到由衷的安乐，因为文化不同，难以融入。

明治维新以后的日本，要求改变长期闭关锁国所造成的落后状态，同样热衷于向欧美各国学习。一直到现代，他们判断知识分子的标准，尚不是这个人有多少优秀的智慧，而更多是看这个人懂得多少欧美的思想和学说。从这个意义上说，知识分子基于知识的理性，学到了分析和区别的能力，结果拆毁了自己的根基，反而威胁到了自己的存在，这是何等不幸。

放眼欧美社会，知识分子之间也是用"专业"来打造封闭的小圈子，与别人隔绝，只活在同行的圈子里，不但和大众隔绝，而且和其他专业人员保持距离。科技急速发展，知识愈高深愈专门化，很多人说出来的话大家都听不懂。这样，迟早会陷入门户之见，产生成见而不自知。

平心而论，自古到今，要成为知识分子，至少需要有充足的时间和金钱，两者缺一不可，而且都必须相当充裕，这并不是一般人所能够承担的。何况每一个人天赋的智能并不相同，同样有时间有金钱，有的人可能先天智能不足，根本无法研究高深的知识。要成为知识分子，就有实际的困难，虽然后天的努力可以获得相当的弥补，但毕竟不是每个人想做就能够如愿做成的，这就是命运。从这个角度来看，知识分子最好自觉，从社会取用了很多资源，花费了特别的教育投资，相对也应该负有更多的社会责任，必须为社会尽到更多的义务。

> 《大学》："物格而后知致，知致而后意诚，意诚而后心正，心正而后身修。"

任何人在成为大众或知识分子之前都是人。大众对知识分子的敌意，知识分子对大众的高傲，对整个社会而言，总是不好的现象。而造成这种隔阂的原因，不在于知识，而在于德行。知识分子不能包容大众，大众也不能欣赏知识分子，都是德行在作祟。

和孔子同样受人尊崇的西方哲学家苏格拉底，把知识当作道德的本质来看待。《大学》中说："物格而后知致，知致而后意诚，意诚而后心正，心正而后身修。"证明道德来自知识,没有知识就没有道德。

一般大众之所以看不起知识分子,真正的原因是知识分子的品德修养欠佳。高傲的态度,加上总说一些别人听不懂的语言,简直不把大众放在眼里。中国现代知识分子受西方影响,盲目主张知识产权,没有相应的知识普及,当然更难获得大众的欢迎,被认为"百无一用是书生"。

倘若孔子当年主张知识产权,大家会尊称他为万世师表吗?儒家思想能够发展得这么好、影响这么深远吗?

我们现在不得不接受西方的若干"普世价值",却也不应该把他们所认定的都当作金科玉律。譬如智慧财产,将来我们形势大好时,必须另订妥善的办法,而不是沿用现有的方式。要真正把管理和伦理密切结合起来,使中国式管理的道德性获得普遍的发扬。

成中英教授在国际上大力宣扬中国式管理在伦理方面的建树,不断指出"伦理是内在的管理,管理是外在的伦理",倡导管理与伦理合一,更明白地指出:"中国士大夫讲究道义精神,志向很大,而且高瞻远瞩;人际讲求信义,尤其五伦思想特别发达,形成一套礼仪表达关系;在处理事情方面,表现合乎礼、义、道,重于实务。"然而现代中国人的"道义"只是一种说辞。实际上,面对的是功利,与这个词不相符合。

嘴巴上说道义，心里想的却是功利。口头上说为别人着想，内心完全不是如此。口口声声说欢迎光临，实际上有口无心，服务并不到位。没有钱不服输，有了钱很狂妄。说穿了，便是利字当头，义气全不见了。

义气为什么不见了？我们猜想是被领带束住了，把心和脑的通道束缚得太紧，以致气不能通。相传，当年成吉思汗西征，俘虏了很多洋人，把他们的头颈系以草绳，拉扯着随军行进，好像牵牛一样，不怕他们脱队。后来，西洋人把领带打在头颈上，来纪念这个耻辱的事件。想不到现代中国人，也唯恐不能把自己当作牛，争先恐后地自动套上领带。如果这种传言属实，成吉思汗地下有知，必然也会十分后悔，因为欺辱别人的子孙，结果必然不可例外地成为欺辱自家的子孙。

> 不但口气合理，心和腹的气要畅通，而且凭良心动脑筋，自然讲义气。

义是宜的意思，义气便是适宜通畅的气息。不但口气合理，心和腹的气要畅通，而且凭良心动脑筋，自然讲义气。不能凭良心思虑事情，难怪只讲利害而忘却通义。希望大家都多发挥一些良心道义，看看能不能解决当前的社会危机。

> 《大学》中说，居上位者不可以用那些令人不满的态度来对待部属，部属也不该用那些令人不满的不良态度来对待居上位者。

西方的道德以个人为本位，崇尚自由，鼓吹平等。个人主义思想，尤其重视人权。工业革命，机械代替人力之后，个人的活动机会大幅度增加。自由交易、自由结社、自由竞争，更加助长了个人主义。他们的家庭组织力求简单，以夫妇为中心，子女结婚后便另立门户，父子夫妇，各有私人财产，并无家庭共有，人将死时，可以任意处置遗产，赠予子女或捐献给他人，悉听尊便。家庭观念淡薄，家族企业也不是主流形式，亲戚来往，和一般朋友一样，未必特别亲密。

我国的道德则以家族为本位，五伦之中，属于家族的部分，有夫妇、父子、兄弟三种。君臣好比父子，朋友有如兄弟，推开来便是四海同胞，天下一家。一人为善，则全家族同感荣耀；一人作恶，全家族都有受辱的感觉，甚至于一人有罪，全家族都要受到牵连，以致家人之间关系密切，休戚相关，而有肥水不流外人田的念头。家族企业便是家族主义的发扬光大。成中英教授认为家族化并不是缺点，只是把家族与外人分得太开才会产生很多弊病。有人说，中国太家族化了，而日本不讲求家族化。成中英教授却指出：日本是含收的家族化①，对所用的人，全都使用安抚的政策，使其与企业共存亡。换句话说，以家族为中心，将朋友、所用的人都包含起来，将其视为家族的一分子。我们比较不赞成的是排他的家族化，把没有家族关系的人都视为外人，而强烈加以排除。只要将排他的家族化转变为含收的家族化，家族企业仍然没有脱离中华文化的要求，并没有什么不好。

在管理上，西方重视制度，我国则重视恕道。《大学》说，居上位者不可以用那些令人不满的态度来对待部属，部属也不该用那些令人不满的态度来对待居上位者。凡是在前面的人，不可以用那些令人不满的态度来对待后面的人，凡是在后面的人，也不可以用那些令人不满的态度来对待前面的人。左边对右边，右边对左边，也是同样的道理。这种将心比心、设身处地站在对方的立场来考虑问题的行为，实在可以补制度的不足。若是制度加上恕道，岂非更加妥善？

---

① 家族企业，以家族为本位，以家族利益为中心来用人，来处理维护公司的体制，通常家族式管理形态有两种：一为含收的家族化，以家族为中心，将朋友、所用的精英人员包含在内，并把他们视为家族企业的一分子，或者是通过联姻等形式收为家族。第二种为排外家庭化，不是家族血缘关系就视为外人，强烈排外。

人为万物之灵,应该放宽松一些,好让良心和脑袋畅通,使伦理与管理合一。中国式管理的道德性得以彰显,才是全人类的福气,全宇宙的真正演化。

第四章 德治

德法不足以自行，中国式管理将法治提升到德治的层次，以安人为最高目标。

《论语·为政》篇中，记载着孔子"为政以德"的主张。有人把它解释为"通过道德来管理"，这显然很不合适。什么叫道德？不说还好，越说越让人觉得一头雾水，实在很难说明白、听清楚。而且凭借道德，又怎么能够管理，岂非空话而不切实际？因此在德治和法治之中，大家还是宁可抓住法治而舍弃德治。

问题就出在这里，把德治和法治分开来看，认为德治是通过道德来管理，而法治则是通过法制的手段来管理。实际上，德治和法治应该合起来看，两者原来是一回事，并不是两种完全不同的管理方式。

"为政以德"，孔子的本意应该是"为政者自身，应该具备良好的品德修养"，下面隐含着"在实际运作时，仍然以法制为基础，也就是依法行事"的意思。

孔子说过:"古之为政,爱人为大。"意思是管理者自己的品德修养良好,主要表现在爱人。我们常说的安人之道,便是具体的爱人措施。这些措施,通常会以制度的方式来呈现,很容易被看成法治,而不是德治。

> 以"己所不欲,勿施于人"的心态,秉持"对员工好,便是对公司好"的态度来制定合理的规定。

制定安人的制度,很可能出于爱心。以"己所不欲,勿施于人"的心态,秉持"对员工好,便是对公司好"的态度来制定合理的规定。也可能出于不信任的心理,唯恐员工得到好处却不认真负责。甚至有一些交换的味道,想要得到这些好处,就必须接受某些交换。可见法治的背后,有德治的成分。管理者有德,制定出来的制度,通常更加人性化。而管理者无德,那就防弊重于兴利。深信员工占公司的便宜,处处加以设防。如果管理者有才无德,则交换的气氛浓厚,随时可见了。

制度实施时,如何执行?更多是法治背后的德治在做最后的决定。有德的管理者,执行时会衡情论理,在制度许可的范围内,因人、因事、因时、因地,做出合理的判断。无德的管理者,执行时毫不关心当事人及其亲友、同人的感受,一切依法办理,弄得人心惶恐不安。

安人之道配合上经权之道，便是法治和德治取得协调的结果。合理合法必须通过合情合理的方式才能收到安人的效果。这一点是法治所难以顾及的。管理者自身的恭、宽、信、敏、惠，成为能不能爱人的德目。兹分别说明如下，以供参考：

1. 恭。一般人常把恭和敬并列，说成恭敬。其实恭代表仪容方面的德行，主要表现在"管理者的态度，不致引起对方见侮受辱的心情"。所以有礼貌、和蔼，便是恭。而敬指行为方面的德行，主要表现为管理者的行为，不骄亢，不威胁，更不能粗暴。孔子讲的"恭则不侮"，意思是恭的态度，不致侮辱他人，并不一定有办法保证对方不来侮辱。对同人有礼貌，如果同人以不礼貌相向，这时候就需要宽容，展现宽的德行。

2. 宽。宽的意思是宽大、宽容、宽恕。孔子说"宽则得众"，便是说心胸广阔的管理者，可以包容更多的人，得到更多、更广大人心。我们常说心胸有多大，事业的规模便有多大。不一定所有的人都值得信任，但是既然聚在一起，就是有缘，便应该加以包容。用宽大、宽恕、宽容的心情，来对待他。至于信到什么程度，

> 管理者自身的恭、宽、信、敏、惠，成为能不能爱人的德目。

不妨因人而异。有大信也有小信，只要不毫无信任就好。

3. 信。孔子在所有德目当中，说"信"的次数最多，可见其重要性。但是孔子特别指出"言必信"的人，大多为小人。我们对于这一点，应该特别深入地研究分析，以免产生误解。这一句话的关键，在于"必"字。孔子认为，不管是不是具备应该遵守的条件，而只知道一味地守信，最后想守信都不能守信，当然成为小人。不应该守信的时候，也毫不犹豫地守，势必会丧失守信的价值，守得毫无意义。管理者要守信，一定要配合"好学"的习惯。不但要终身学习，而且要学正当的东西，才能够坚守信用。知人才能够合理地信任，知己才能够适当地调整信用的程度。凡轻诺者必寡信，所以不能够轻易承诺。要不要承诺，承诺到什么程度，那就要做到什么程度了！

4. 敏。孔子说："我非生而知之者，好古敏以求之者也。"意思是我们大家都不是天生就知道那么多道理的人，必须勤劳地学习古老的道理，体会出新的法则，以便信守不渝。"敏"字并不是敏捷、快速的意思，反而是我们常说的勤劳之意。古老的道理，由于历经时间的洗礼，经得起长期的检验，比较值得学习。但是环境不断变迁,也是众人皆知的事实。所以继旧开新,从古老的道理中悟出新的法则,才是勤劳的果实。管理者要敏,保持勤劳的良好习惯,必须收到孔子所说"敏则有功"的效果。有了这样的功效,惠的能力自然展现。

5. 惠。惠有三个意思,那就是"爱""利"和"恩"。管理者具有爱人的心态,然后用以利人。经由利人的行为,使人觉得受到照顾而感恩。孔子说:"因民之所利而利之,斯不亦惠而不费乎!"直接指出利即是惠。可见爱、利、恩之中,以利为重点。管理者做出有利于同人的决定,孔子所说的"惠则足以使人"便能够表现出来。大家都乐于执行管理者的指令,自然同心协力,从各方面努力,在安定中不断追求进步。

孔子的言论,由于年代久远,我们已经难以设身处地地真正体会到当时的情境,无法完全掌握原来的用意。后来,人们又一直依据朱子的解释来理解,很难赶得上时代发展的步伐。我们最好"温故而知新",为其赋予时代的意义,更为合用。

把上述恭、宽、信、敏、惠加在一起,合起来看,不外乎一个"仁"字。仁而合义,把仁爱的心,发挥到合理的地步,那就叫作"德"。所以德治的意思,是管理者的爱心,在

> 所以德治的意思，是管理者的爱心，在法治的基础上面予以合理发挥，构成合乎人性化的管理，以求己安人也安。

法治的基础上予以合理发挥，构成合乎人性化的管理，以求己安人也安。

现代人受到二分法思维的影响，喜欢把事情分开来看，而不知道如何合起来想，以致看到法治，便满脑子依法办事，说什么"有法必须依"，好像不凭良心也无所谓。而想到德治，就认为缺乏制度，充满了温情，好像想怎么样，就可以随着自己的喜欢去做，那岂不成了无法无天？只要冷静一些，很容易觉察这种极端的观念实际上都行不通。应该把德治和法治合在一起，看出一体的两面，很快就能明白，德治需要法治的支持，而法治需要德治的指引。由于一谈起法治，大家就会重法轻德，所以我们才多说德治而少谈法治，希望大家重视道德。

宋代政治家司马光说过："才者，德之资也；德者，才之帅也。"才能是道德的工具，品德才是才能的统帅。法治和德治的关系，有如人的指和掌，法治必须围绕着德治进行，才能运用自如而合理。

商朝的纣王，设置"炮烙"的刑制。证明管理者德行不良，照样可以通过制度来害人。只不过最后害了自己，虽然

| 第四章　德治 |

是自作自受，却还是先害了太多的臣民。

三国时代，袁绍讨伐曹操，命令陈琳写一篇檄文，把曹操骂得狗血喷头。曹操当时正卧病床上，头痛不已。看到檄文把他的祖宗三代都臭骂一番，又气又怒，责问作者是谁。后来曹操击败袁绍，逮捕了陈琳，却并没有依法处罚，反而赦免了陈琳，让他负责起草文件的工作。曹操的品德修养不算好，尚且能够如此，足以证明法治之外，必须兼顾德治。

秦始皇是历史上最知名的皇帝之一。由于重法轻德，以致他死后不到三年时间，大秦帝国便宣告灭亡。

传说舜曾经告诉禹："只要你不矜持自夸，天下便无人能够与你争能；只要你不从事征伐，天下没有人能够与你争功。"唐太宗这位卓越的领导者，便是永远保持一种谦虚的心态，向他的臣子说明："人们说做天子的，可以自认尊崇，而无所畏惧。朕则认为，天子应该自守谦恭，常怀畏惧。"他认为做天子的，若自以为是，妄自尊崇，不守谦恭之道，有谁肯犯颜谏奏？因此对于自己的一言一行，无不反躬自问：是不是合乎常理？贞观之治，便是由于唐太宗的德治而实现。

> 宋代政治家司马光："才者，德之资也；德者，才之帅也。"

维护管理者的权威和地位，最方便有效的方式，莫过于制度化，使同人知所自制，而不敢触犯规章。秦始皇重用法家李斯的意见，希望秦朝千世万世延续下去。不料只传到二世，人民纷纷起义，赵高逼着胡亥自杀。三世子婴继位，先下手为强，把赵高杀了。自己也没有占位多久，就被民众推翻了。我们不能说法治不好，只能够说管理者的品德不好，未能实施德治，这种法治是不会长久的。

像"赵高"这样的人，一听名字，就令人觉得"糟糕"，聪明如秦始皇、李斯，竟然放任他为非作歹，是不是愈加证明法治只能用来对付好人，却便宜了歹徒？

秦始皇死后，李斯和赵高秘不发丧，把死尸运回咸阳。日子久了，尸体发出臭味。赵高假传圣旨，向地方官员要了很多鲍鱼，分装在各个车上，以资遮盖。秦始皇统一天下，做到了书同文、车同轨，修筑万里长城，可以说非常了不起。可惜他只重法治，不能为政以德，执行得过分严苛，正好给了小人假传圣旨的机会。陈胜、吴广带头起义抗秦，秦朝的统治很快就被取而代之了。

> 中国式管理，将法治提升到德治的层次，以安人为最高目标，原因即在此。

法治是基础，不能不加以重视。然而德法不足以自行，立法、执法、守法的，都是人。

第四章　德治

如果不重视道德，不能做到上位者以身作则，而下属同人都自觉自律，这种法治是不可取的，维持不久。中国式管理，由法治提升到德治的层次，以安人为最高目标，原因即在此。

第五章

法 治

西方人的"法"是显性的,一切依法办理,看起来好像法在治理,大家称为法治。我们的"法"则是隐性的,通常放在腹中,不从嘴巴说出来,以免"谈法伤感情"。

一般人比较中西管理的异同,通常都认定西方管理重法治,而中国式管理人治的氛围十分浓厚。我们为了顺应大家的看法,虽然不同意这种论调,却也十分委屈地承认西方管理是法治大于人治,中国式管理则是人治大于法治。现在,我们打算更进一步说明西方管理是人治,中国式管理才是法治。

法律是西方文化的三大支柱之一,他们对于合法程序(due process)和证据确立(sufficient evidence)十分重视。嫌疑犯的逮捕过程,必须遵循合法的程序。缺乏充分的证据,即使看上去明显是有罪的,也可以被判无罪。凡事依法而行,所以称为法治。亚里士多德说得好:"法律是不受情欲影响的理智。"现代管理者也强调有法必须依,似乎依法办事才是理智的管理。

问题是,法律是由人订定的,这些订定法律的人难道没有情欲?以美国为例,大多数美国儿童长大以后,喜欢当医生、做老师、自行创业或者成为运动员,很少人愿意进入法律界。因为这种工作既不安定,又十分艰难。只有犹太裔的美国人,从小就立定志向,再辛苦也要考取法律系,将来担任法官、律师,以获取更多控制权。这种欲望使得他们从小就和一般儿童不一样,这难道还不够强烈吗?美国的两大政党,其中有一党比较偏向富有的人,尽管所推出的候选人既呆又蠢,但大家为了确保自身的利益,闭着眼睛也要把票投给他。这样的依法行事,果真没有情欲,足够理智吗?

> 亚里士多德:"法律是不受情欲影响的理智。"

何况美国的法律,有一条总则是"少数服从多数"。请问按照人们的聪明才智来区分,少数人智商高还是多数人智商高?少数才智比较高的人反而应该服从多数糊里糊涂的人,这样算得上理智吗?

我们完全没有轻视法治、反对依法办事的意思。我们只是依据事实指出,法离不开人。立法或执法都需要人来完成,而只要是人,便具有或多或少的情欲,并不会完全理智。实际上,全世界都由少数人立法,多数人来接受;少数人执法,多数人抱怨。这样的管理，合乎人性吗？这种依法办事，是不是相当不负责任呢？

　　管理当然需要制度，国家也不能没有法律。但是，制度是僵化的，只能管到例行，却无法处理例外的事宜。法律如果合理，大家当然应该遵从。如果不能符合时空的变迁而显得不合情理，是不是也应该与时俱进，做出合理的修订？何况西方国家，法律一经订定，执行的人便可以依法办理。殊不知，执行的人不同，解释法令的方式和内容也不一样，是不是又偏向人治呢？

　　外国人进入美国，立刻发现美国总统并不重要，由谁来当根本无所谓。最重要的人竟然是通关口那位手持印章的官员。因为他们的规定每年都变，谁也不清楚这一次又有什么新花样？美国最常夸耀的是人权，但是对外国人的人权，并不十分重视，往往通过人权来要挟他们，换取自己想要的东西，实在算不上有多理智。

> 有法中无法，无法中有法。看起来有法，却很像根本没有法。

　　英国为了吸引观光客多买物品，有一条规定：凡是携带到国外的，可以在离境时凭票据退税。虽然只是这样一句话的规定，但由于执法的人不同，出现了很多种退税形式。

有人务必看到所购的物品才肯盖章退税，如果物品放在行李箱托运走了，很可能听到这样的说法："没有我的盖章，谁也别想退税。"果真有一夫当关，万人莫敌的气概。下一次真的把所购物品集中在手推车里，遇到的执行者却看也不看，顺手便把章盖好。好像是白忙一场，让人哭笑不得。有时候执行人员还跑到通关的关卡前面，擅自离岗，根本不在乎退税之后的物品有没有被携带离境。

我们可以说，这是执行人员良莠不齐，和法令规定没有关系。但我们也应该想想，任何时候的执行人员总是存在良莠不齐的，到底有什么办法可以防止或改善弊端？有多少人嘴上依法，执行起来却完全走了样？是不是还要依法来加以规范？行不行得通呢？

按理说，法律应该是全体成员的智慧和经验凝聚而成的结晶。实际上，想这样做也很难实现，就算全体表决也是有人认真，有人毫不在乎，有人知道这是怎么一回事，有人则完全不知，这恐怕是全世界共有的现象。少数人掌控全局，却永远标榜少数服从多数。西方以法治之名来掩护人治的事

> 如果说西方的法是显性的，具体而固定，我们的法就是隐性的，有原则却必须适时制宜。

实，似乎是一贯的策略。

中华文化以道德为基础，我们从小就重视人伦、荣辱与共、休戚相关、爱惜名誉，并且以光宗耀祖为自己的重大责任。对于权利的要求，不如西方那么热衷。只知道依法办事的人，大多不近人情。在中国社会，不近人情的人大概不会受到欢迎，属于不仁的小人。

我们的法，由于人伦的差别，大多是相对的。譬如对父母要"孝"，对长上要"忠"，对部属要"惠"，对子女要"慈"。不像西方的法，具有高度的一致性。如果说西方的法是显性的，具体而固定，我们的法就是隐性的，有原则却必须适时制宜。家有家法，各种团体都有一套严密的规定。但是，看起来都和西方具有戒律性的法令不一样，又好像没有法一样。

有法中无法，无法中有法。看起来有法，却又好像根本没有法。因为许多东西已经从小养成习惯，内化为自己的一部分，用不着法来约束。看起来没有法令规定，大家心中都有一把尺，再任性的人也有其不可逾越的限制，这不是法又是什么？我们的思维，已经把有与无、好与坏、是与非合为一体，随时做出全盘的考虑和合理的选择。不幸的是，现代人受到西方的影响，只会用西方人的观点评量我们的法治，当然说我们偏于人治。

请问，历史上的中国，时常发出"礼教吃人"的呼喊，为的是什么？便是我们虽然不强调戒律，也不高呼法治。实际上我们的礼俗已经把大家约束得动弹不得，而且动辄得咎，令人觉得无所适从而经常陷入困境。礼俗具有相当大的弹性空间，尚且产生如此重大的压力。严密的法律为什么反而不致如此令人紧张呢？

> 可见立法并不困难，要真正有效地实施，才是不容易的事情。

因为法律不过是最低标准的道德水平，合法未必合乎道德要求的地方经常存在。一个人只求不违法，就不必样样凭良心，使自己谨慎，甚至于到了戒慎恐惧的地步。法律为求适应多数人的情况，不可能把跨越的门槛定得太低，以免牢狱人满为患，大家也怨声载道。

要求自己不违法，实在是放纵了多数人。原本社会风气可以借由德治而改善，却由于强调法治而向下修正。最明显的事实便是言论自由，造成没有是非曲直，而信仰自由，弄出很多邪教来。以合法来掩护非法，徒然急坏了大多数的善良人士。请问工业化所衍生的各种问题，诸如温室效应、酸雨、臭氧、水及空气污染，难道不是法治的国家所造成的？1997年，联合国为了解决地球变暖的问题，促使成员国商订《京都议定书》，希望据此限制富有的工业国削减温室效应气体的排放量，时任美国总统布什竟然宣布不予支持。可见立法并不困难，要真正有效地实施，才是不容易的事情。

1989年，巴黎召开"世界宗教与人权"研讨会。神学家孔汉思以"没有宗教之间的和平就没有世界和平"为题发表演讲，指出每一个宗教都应该自我检讨，找出自己的不是，才有资格去批评其他的宗教。他希望能够找到一些具有普遍性的伦理道德标准，商订出一些万国可以共同遵守的律令。1993年，在美国芝加哥举行的世界宗教会议上，120位代表不同宗教门派的人士签署了一份《世界伦理宣言》。然而，这个宣言一直到现在仍然无法获得普遍的认同，因为每个地区都有自己的文化，不可能凭一份宣言，便把不相同的理念完全抹杀掉。

20世纪由西方主导的价值取向，到了21世纪已经开始重新加以检讨。可见法治必须秉持与时俱进的精神，适时做出合理的调整。中国式管理便是

> 中华文化以"做人规规矩矩、做事实实在在"为基础，守法守纪乃是根本的条件，凡属违法乱纪的行为，大家都深为厌恶。

看出这种法治的局限性,把它提升为合理化,以符合"有理走遍天下"的普遍性。实际上合理必先合法,只有在法定范围内才能够衡情论理,然后找出合理点。若是逾越法定的范围,已经是违法,怎么可能合理呢?

法外施恩是特例,不能当作常则来看。法内施恩才是合理化的正常措施,此时的"法"为"经",而"施恩"为"权变"的弹性运用,合乎"持经达变"的精神。我们不能够因为法被使用日久遭到扭曲而误解原先的用意。法是做人做事的基础,也是管理所依据的制度,可以说是把管理理论付诸实施,使其变成通向实际的桥梁。

西方人的"法"是显性的,一切依法办理,看起来好像法在治理,大家称为法治。我们的"法"则是隐性的,通常放在腹中,不从嘴巴说出来,以免"谈法伤感情"。实际上我们思虑问题时,先想"法"的依据,只是我们说话或有所举措时,喜欢先从"情"入手,因此容易被误解,认为我们是人治而非法治。

政府官员,对公众宣示时,不得不说"依法办事"。然而私底下办事仍然以情为先,由情入理,当情理说不通时才会翻脸无情,依法处理。这样公开和私下、口头所说与实际行动的差距,也是被引起误解的地方。中华文化以"做人规规矩矩、做事实实在在"为基础,守法守纪乃是根本的条件,凡属违法乱纪的行为,大家都深为厌恶。

我们是隐性的法治民族,千万不要忘记。法纪是用来约束自己的最低道德标准,我们既然以人为本,由法治提升到德治,当然是努力的方向。

第六章
均 等

我们常说:"一家公司要成功,需要很多很多因素。但是一家公司的失败,只需要一个因素就够了。"

公司价值最大化，一度成为美国企业的经营目标，具体的表现便是追求公司股价最高化，公司的CEO（首席执行官）要为公司的获利不佳负起应有的责任。然而，慢慢地，CEO们越想越不对，凭什么这么重大的责任，要由自己一个人来承担？于是，他们想出一套连带责任的办法，就是把大家的薪水和股票的价格捆绑在一起，股价上涨就加薪，股价下跌便减薪，希望大家能够同心协力，共同为公司股票价格上涨而努力。

这种连坐法，在股票涨落不大的时期，大家还沉得住气，因为影响并不大。但是股票暴涨的时期，投资者的期望忽然大幅度提高，反而为经营者带来很大的压力，于是大券商的分析师对公司所做出的预测，往往可能左右公司股价的命运，促使经营者不得不特别重视。

一个极端的现象就是CEO在华尔街分析师的预期压力下，在明知无法达成预期的成果时，只好铤而走险，以做假账的方式来欺骗社会大众。自2002年以来，世界通讯公司（World Com Inc.）、安然能源公司（Enron Corp.）、德士古（Texaco）、太平洋燃气电力公司（Pacific Gasand Electric）、Kmart百货等美国企业爆发一连串财务丑闻，就是这种假账行为所造成的恶果，严重破坏了企业的形象，令大众忧心。

对企业来说，经营绩效当然十分重要，企业的获利，如果不足以支付资金的成本，根本就是浪费社会资源。要求应该是相当合理的，但是，要求企业每一年都赚钱，势必影响企业长期的规划和长远的理想。

现实的情况常常表现为，面对年度决算的制度，一些经营者不得不硬着头皮，做短期的规划，逐渐走向"唯利是图"，而不敢有什么长远的美梦。要不然就是做两套账，以隐瞒真实的情况，保持逐年增长的假象。还有一种"高明"的办法，就是在公司的若干事业群中，埋藏着一两个表面独立而实际上完全偏重内部互动的赚钱单位，以平衡其他单位的起伏不定。

有人管，便想办法做假；没有人管，就为所欲为。虽然说这是人之常情，却不合乎管理的要求。

第六章　均等

孔子说："不义而富且贵，于我如浮云。"并不是把一切富贵都看作浮云，而认为有一些富贵不应求或不应该要。他只是在"富且贵"的上面，加上"不义"这个形容词，来加以限制。合乎义的"富且贵"，当然可以求，也应该要。不合乎义的"富且贵"，才应该把它当作浮云，不要去追求。把企业运营的目标扩大来看，除了赚钱之外，还应该培育优秀的员工，成为好人，提起社会责任，至少不败坏优良的秩序和风气。

我们以"均等性"的精神，把这些目标统合起来，合并称为"安人"，作为企业运营的总目标。安人包括"安股东、安员工、安顾客、安社会"，而且各方面同等重视，不宜偏忽。在"均等性"的原则下，我们要求不应该以"单一性"为目标，把经济绩效当成企业经营的唯一责任，管理者和员工的观念、行为是否端正，也应该列入考虑之列。

> 不义而富且贵，于我如浮云。

把管理视为科学，在某种角度上看也是单一性的认知。科学实际上有其限度，所能够处置的对象十分有限。员工的投入程度和管理者的心态，就不是科学所能够处置的。

不摆脱感情之扰，就不能成为冷静的科学家。一旦脱离了感情，就不能成为以人为本的管理者。中国式管理，以均等性的精神，处处要求由情入理，科学与艺术并重，便是居于人道的立场。

第二次世界大战之后的冷战时期，中国也曾经有过的关于姓资和姓社的激烈争议，这便是因为西方单一性思维所造成的。最后我们发扬了均等性的精神，采用了一些市场经济的方法，使少数人先富起来，创造出具有中国特色的经济体制，令西方经济学家屡屡跌破眼镜。

实际上，经济在人类社会中，不过是一部分活动。把这种属于整体中一部分的经济放置在绝对优先的地位，使得其他活动，诸如政治、文化、教育、技艺等都受到排挤，甚至变成经济的附属，已经成为现代社会很大的错误。人类的经济自由，必须给予相当的限制，以免贪得无厌而危害人群。人类的经济平等，也需要设法加以保障，缩小贫富的差距，以免造成社会的不安定。

> 中国式管理，以均等性的精神，处处要求由情入理，科学与艺术并重，便是居于人道的立场。

以国民生产总值来表示经济发展的情况，同样是单一性的指标。我们的均等性，应该表现在国民总福利上面。还有，个人的幸福通常与所能支配的财富和自己的消费欲望具有十分密切的关系。电视普及、资讯发达的地区，消费欲望经常受到刺激而提高。

我们都听过也十分相信这句话："要相信事实，不要上当受骗。"然而，我们的苦恼，即在究竟什么才是事实的真相、哪一种说法才是真实的，这经常使我们犹豫不定。我们最好明白，大家生活在相对的幸福之中，面对着世界一阴一阳的交互变化，几乎所看到的景、所听到的话都是相对的。同样一句话，说到差不多就好了，停下来，让听者自己去想象、去领悟。若是说得过分清楚，未免有一些强调，反而有所偏离。

中国式管理的均等性，主要在于兼顾方方面面，力求不偏不倚。我们喜欢全方位思考，便是站在不同的角度，以不一样的立场来看问题，然后把各种不同的意见综合起来，做出合理的判断。我们的决策者，最好是通才，而不是有所偏的专才。

通才的培养非常困难。一般都由专才着手，然后经过各种历练，才逐渐趋于通才。事实上，通才不可能很年轻就做得到，以致我们常说"嘴上无毛，办事不牢"，不敢让太年轻的人担当决策的重责大任。

> 缓慢做决定，快速执行，是均等性的正常表现。

西方管理，经常出现"导向"（oriented）的字样，即为单一性的标志。生产导向时期，以生产为重；市场导向时期，一切以市场为依归。特别是市场导向这一指标，很容易引起"只要有市场，什么事情都可以做"的错觉，以致"良心摆一边，市场放中间"，搞出许多乱象。电视台对自己制作出来的节目，看都不敢看，问他为什么还要继续制作下去，答案是："没办法，这样才有高收视率。"一切为市场，其他并不重要。

我们常说："一家公司要成功，需要很多很多因素。但是一家公司的失败，只需要一个因素就够了。"中国式管理，如果有导向的话，应该是理念导向。以正确的理念，来指导自己的经营管理。然而，我们的理念并非单一性，而是多种理念的均等性。我们有许多相关理念，共同整合在安人的大目标之下，形成一以贯之的多元目标。这些多元目标，其重要性是均等的。

我们的哲学，并没有西方的一元与多元之争，是把多元统合在一之下，形成独特的"一之多元"论。一统合多，而多也合而为一。自古以来，我们具有"一统天下"的观念，却又出现"协和万邦"的想法，就是均等性的精神，既非中

第六章　均等

央集权，也不主张地方分权，因为这两种单一性的方式，都有利有弊，并不合理。我们看起来都不像，也都有一些像，实际上拿来扯去，随时在动态中寻求当时当地的平衡点，以求合理。

总裁的态度，秉持"手心手背都是肉"的原则，听听生产部门的意见，看看销售部门的反应，问问财务主管的看法，再征询管理和总务部门的观点，然后加以综合判断，做出此时此地的决策。为什么是此时此地呢？因为时间、场合有所改变，决定就可能不一样。单一性的变动性较小，而均等性的变动性通常比较大。决策所需要的时间，单一性比较短，而均等性比较长。缓慢做决定，快速执行，是均等性的正常表现。

第七章 居中

居中的目的,在于随机策应四面八方蜂拥而来的压力,既不能专横强制,也不能屈膝降服。

黄帝是我国历史上的伟大人物，与我国历史的开始以及中华民族的初期形成有着十分密切的关系。黄帝的名称依据唐代司马贞的说法，是因为黄帝"有土德之瑞"，即土色黄，所以称为黄帝。在古代阴阳五行思想中，土德的方位是中央，因此黄帝也叫作"中央之帝"，那时候华夏民族繁荣昌盛的地区便称为中原。

　　古人把国家称为社稷，社指社神，也就是土地神。而稷是稷神，是五谷的代表。由于古人对国土的深厚感情，所以称为社稷。流传至今，现代人喜欢把大地比喻成母亲，把祖国也称为母亲，其意义是相同的。

　　人非土不立，对于土的尊敬和重视，正是不忘本的象征。根据我国古代地貌学的观点，把土地划分为山林、川泽、丘陵、坟衍、原隰五类，称为五土。后来引申为五方，也就是东、南、西、北、中，分别以青、红、白、黑、黄五种颜色来表示，叫作五色土。

中华民族的学问，大多起源于早期人们通过观察宇宙的自然现象，获得若干知识，逐渐累积而成。人们站立的地方，放眼向前后左右望去，很容易发现东、南、西、北四个不同的方位，加上自己所站立的中央位置，构成五土或者五色。自己站立的地方，相对于其他四个方位，自然成为中土，也就是中央的位置。

在黄帝的时代，经历了阪泉和涿鹿两场当时惊天动地的大战，后来建国于有熊（今河南省新郑市）。战争的目的是为了获得安定和谐的环境，这个环境奠定了华夏民族在中原地区繁衍生息的良好基础。

生活稳定之后，黄帝和臣子们致力于人类文明的创造，除了提升衣食住行等生活技能，更扩展到历法、文字和武器，使我国古代文明水平大幅度超越四部的民族。

从文化水平来看，东方为夷、南方为蛮、西方为戎、北方是狄。这并不是种族歧视，而是文化发展的高低所致。历史证明，我们不但不欺辱、侵略、轻视外族，反而对于邻近民族的文明发展，产生了极为重大的促进作用。

由上所述，我们知道中国式管理的居中性，至少有以下

第七章 居中

三大要点：

1. 任何组织的领导者，都有责任创造安定和谐的工作环境，使员工能够真正地乐在工作，从而持续发展。

众所周知，人类必须群居，彼此应该互相信任、互相协助。因此，安宁和谐的社会环境便成为经济发展的必要条件。领导者的主要工作，即在塑造良好的工作环境与工作氛围。春秋战国时期，学者辈出，各自著书立说。尽管言论上是诸子百家，但共同的目标实际上都在于此。

儒家的孔子讲究的是柔术。领导者学习孔子"温、良、恭、俭、让"的品德修养，诱导组织成员活学活用，直接把知识落实在日常言行当中，在实践中养成良好的习惯。他以尧、舜、禹、商汤、周文王、周武王、周公一脉相承的道德修养来提升人的价值，总结成一个"心"字。不论职业性别，不论富贵贫贱，人人都应该将心比心，凡事设身处地。先使自己的内心充实、安定，然后扩大再扩大，推己及人，尽一己的心力，为组织造福。

> 不论职业性别，不论富贵贫贱，人人都应该将心比心，凡事设身处地。

道家的代表人物老子提出道法自然的主张。自然的意思，即为本来如此，属于不知其所以然而然。它既不像"暴风""骤雨"那样可见可闻，却又能够恒久存在。他指出道的本质，原本是有无的循环。自然的循环，有如白天夜晚、春夏秋冬的周而复始，居于永恒不变的常道。组织以及组织成员，都必须顺应这种自然循环的变化规律，不应该轻举妄动，以免招来凶祸。他认为组织成员的个性，各不相同，有刚的，也有柔的，倘若强制要求一致，使刚的变柔，或柔的变刚，便是残生害性的做法。不如无为而无不为，使成员各自发展，而长治久安。

儒、道两家，研究时各自独立，而在实际应用时，则常常互为表里，取得高度的互补效果。两家都把生死看成人生的大事，观点却有一些不同。佛教传入中土之后，在这方面做出很大的贡献。公元1世纪时，正当西汉末、东汉初，佛教的经典大量翻译成中文。佛教认为，人的出生可能有无数次，生了死，死了又生，构成生和死的循环。而死则是永远摆脱不了的痛苦归宿，表示另一种痛苦的开端。这些观念逐渐融入中华文化之中，形成儒、道、释合一的人生观。儒家的乐天知命，道家的重视养生以及佛家的忘我奉献，已成为安宁和谐的必要条件。领导者如

> 儒家的乐天知命，道家的重视养生以及佛家的忘我奉献，已成为安宁和谐的必要条件。

果能够以身作则，必能促使成员乐在工作，提高组织的一致性，产生同心协力的效果。

2. 组织的领导者，不能有种族、性别、长相、高矮、胖瘦的歧视，应该以品德和才能来知人善用，使成员各安其位，各守其分，各尽其力。

华夏夷狄的区分，并不在轻视、欺侮、愚弄不如我们的人。中华民族自黄帝以后，以华夏族为骨干不断地成长，主要原因即在许多边疆民族纷纷主动地认同中华文化，逐渐自动融合为中华民族的一部分，久而久之，也成为黄帝的子孙。我们的王道精神表现在大家主动、自动认同，与霸道地强制要求他人必须遵照我们的规定和法制，是完全不同的方式。

领导者最好以儒家的王道精神为指导，自己先具备良好的品德修养和能够教导大家做人做事的才能，塑造独特的组织文化，促进全体成员的认同，建立坚强的共识。

现代重视专业分工，领导者做不到样样精通，起码也要在品德修养方面做大家的表率。最重要的关卡应该是员工进入公司的那一道门，必须牢牢把守好。由于公司是少数人的组合，并不像社会那样，必须包容各色各样的人。我们所欢迎的不过是志同道合的少数人，慎重选择，以免增加内部的混杂。

成员进入组织以后，还会产生不断变化，有的持续上进，有的却只退不进。所以对于组织成员，最好忘掉他们进入组织以前的差异，而把注意力放在进入组织以后的变化上，作为考核和奖罚的依据，大家才会心服口服。

　　进入组织以前，我们很难了解成员的真实状况，不得已只能根据学历、经历、身高、体重、举止这些资料来加以评核和比较。进入组织以后，我们最好不要再把这些东西当作基准。比较合理的做法，应该是把所有成员的背景资料全部归零，大家都站在同样的基准线上，以贡献的大小来作为评核的依据。

　　就算刚开始时为了筹集资金的方便，亲朋好友聚集在一起，共同创业。后来规模逐渐扩大，引进了各方人才。同样要把家族成员的背景忘掉，化外人为家人。由亲及疏，发挥儒家向外扩展的推己及人精神。随着事业的成长而广纳各式各样的人才，自能立于不败之地。

　　只要认同企业文化的组织成员，便是自家人。但这并不表示凡是有不同意见的人，便应该勒令其退出。领导者最好反省再反省，检讨再检讨，把其中真正的原因找出来，一方面不断改善自己的行为，一方面善意感化员工，务求团队精诚团结才好。

3.组织的核心干部应该效法管仲"尊王攘夷"的精神,使企业的经营理念持久不断地延续下去。

华夏文化为什么能够历久不衰,生生不息?在春秋时代相对混乱的局面下,要不是管仲帮助齐桓公九次号召会合诸侯,抵制外夷的侵略,保卫了中原文化,匡正天下,完成"尊王攘夷"的大业,我们恐怕都要成为蛮夷统治下的后人了。那时候齐桓公、晋文公、秦穆公、宋襄公和楚庄王争相称霸,也就是做诸侯的领袖。在这五霸当中,齐桓公的成就最大,对外攘除夷狄,对内尊崇周天子。用现代的话来说,便是以强盛的武力来维持国际秩序,以尊崇周室来传递和发扬中华文化。管仲的美德,获得了孔子很高的评价。

一家公司的建立,如果缺乏明确的经营理念,不可能做大、做久、做强,更不可能做得有价值。换句话说,企业文化代表一家公司的居中性,有了这种坚强的共识,才能够放心地融合四方人才,产生一致的力量。

> 经贸全球化,最要紧的便是在各种文化的激烈竞争中,保持并发扬中华文化。

核心干部的"尊王攘夷",最好看看管仲的表现,向他学习。他原本和齐桓公有一箭之仇,却由于有德有才,受到很高的礼遇。齐桓公不但任命他为齐国的国相，把政务委托给他，还尊称他为仲父。而管仲也不负众人的期望，辅助齐桓公成就霸业，把混乱的齐国整顿成既富且强、有力量号召其他诸侯的领袖。他完成了经济和社会责任之后，还能够更进一步，完成文化责任，实在值得推荐。

现代地球村时代，中国要与国际接轨。而眼下的整个世界和当时春秋时代的局面也十分相似，经贸全球化，最要紧的便是在各种文化的激烈竞争中，保持并发扬中华文化。否则，就算我们赚到了全世界的钱，却丧失了中华文化，那又有什么用？相信大多数人心中都有同样的想法。这才是中华文化生生不息的主要动力，即使短暂的迷惑和动摇，终究会清醒和坚定下来，大可放心。

居中的目的，在于随机策应四面八方蜂拥而来的压力，既不能专横强制，也不能屈膝降服。历史上留下美名的人士，如屈原、司马迁、诸葛亮、韩愈、范仲淹、欧阳修、王安石、陆游、朱熹、王阳明、史可法、林则徐、曾国藩、左宗棠、梁启超等，都是善尽文化责任的伟大人物。中央之帝的精神，便由于历代的传承得以连续几千年之久，实为中华民族的万幸。

第八章

无 为

德行良好,是无为而治的必备条件;无为而无成,便不配谈管理。必须无为而有成,无为却无不为,才算管理。

由天道推演人事的思维方式自道家首创，为儒家等学派所宣扬，现已成为中国式管理的一种特殊思维方式。把自然规律运用于各种人事活动，用以解决相关的实际问题，使许多不知管理为何物的人，也能把自己的企业搞得红红火火，毫不逊色。

道家所说的"天道"，是指"自然规律"。"人事"的内涵则古今一致，都是指"各种人事活动"。推天道以明人事，意思是推广自然规律，来化解各种人事问题。《黄帝内经》中明白指出："天有日月，人有两目；地有九州，人有九窍；天有风雨，人有喜怒；天有雷电，人有音声；天有阴阳，人有夫妇。"依此类推，天象有日月运行，一寒一暑；人身有气血运行，水火既济。气候有春升、夏浮、秋降、冬沉，人身有肝应春气主升、心应夏气主浮、肺应秋气主降、肾应冬气主沉。

天气异常会造成灾难,人身异常会带来疾病。如果宇宙是个大天地,人身便是个小天地。大天地的自然规律,可应用于小天地。由此发展而成的不同于西医的中医思想体系,就特别重视"不治已病,治未病"。预防重于治疗,旨在顺应人体生理变化的阴阳消长,采取"饮食有节、起居有常、不妄作劳"的养生大法,来享受人类的自然寿命。

> 如果宇宙是个大天地,人身便是个小天地。

孔子把这种顺应自然规律的思想应用于管理。《论语·卫灵公篇》中提到:"无为而治者,其舜也与!夫何为哉?恭己正南面而已矣!"意思是说舜帝不做什么,只是恭敬地向着南面便能够平治天下了。

"恭己正南面"并不是简单地指"安静地向南坐着,什么事情都不做",实际上的含义是"为政以德"的表现,包含着三方面的意思。

知人善任。荀子说:"人主者,以官人为能者也。"领导者的责任是提供合适的舞台,让下属好好地发挥。诸葛亮的长处很多,唯独"事必躬亲"这一条,不但累死了自己,也培养不出接班人,万万不能学。

曾国藩平生功业,最得力于"知人"。他提出"邪正看眼鼻，真假看嘴唇，寿夭看指甲，轻重看脚跟，功名看气魄，事业看精神，若要问条理，尽在语言中"的相人要领。人心不同，各如其面；虚虚实实，真伪难辨。"知人"已十分困难，"善任"更加不易。必须量才而用，用其长处，并要放手给人才施展才能的机会。

知人而又善任的领导者，当然可以无为而治。

德行良好。尧帝传位给舜，主要是推崇舜的德行良好。相传舜的做人原则十分简单，就是"不能获得父母的欢心，就不可以做人子；不能承顺父母的心，就不可以做人子"。他自己竭尽孝道，终于感动很多人，也使大家知道如何做人，如何做好人事。天下的老百姓，都高兴地前来归顺他。周朝的文王，虽然和舜相隔一千多年，但是两人的事迹几乎完全相同。可见德行良好，能够拿美德来服人，大家都乐于顺从。拿美德来培育人，天下的人也都会诚心地好好表现。孟子说："禹之行水也，行其所无事也。"他认为德行良好，便能够顺应自然，以推及事物的原理。不像现代人稍微有一些知识，便要违背自然规律，出自私意来穿凿附会，结果戕害事物的本性，造成很多严重的后遗症。

德行良好，是无为而治的

> 德行良好，是无为而治的必备条件，绝无例外。

必备条件，绝无例外。

无为而成。孔子把"无为"当作理想的效果，希望达到"无不为"的目标。老子则将"无为"视为重要的原则，也是最为基本的方法。我们常听到这样的评点："孔子不讲无为，依然是孔子。老子不讲无为，那就不成其为老子。"但是，他们都十分重视无为所产生的结果。因为管理是实务，最后的检验标准是成果如何。无为而无成，便不配谈管理。必须无为而有成，无为却无不为，才算管理。

"黄老"式的无为建立在"君无为而臣有为"之上，毛泽东把此简化为"你办事，我放心"，十分传神。或者采取某些特殊方式，避免了按照常规做法会引起的波折、争执与冲突，看似无为却另有不一样的做法。有人因此把老子归入阴谋家行列，这是十分错误的。阴谋是不能公开的，而且大多是利己害人的。老子所主张的无为，是公开说出来的，并且明白地倡导"生而不有，为而不恃，长而不宰"，"功成而弗居"。创新的成果，如果不申请专利，把它贡献出来，供全体人类共同享用，那就失去了真正的价值。把正当的事情做出来，告诉别人，却不夸大自己的能力，丝毫没有非我不可、否则无法完成的骄傲之意。使万物生长，但是不加以主宰。有很大的功业，并不自居。人与人之间的争端，实际上源于不断

第八章 无为

膨胀的占有欲。若是不据为己有，不自恃能力高强，不把自己当作主宰，而且不自居有功劳，各种纷争自然化解，哪里有什么阴谋可言呢？

> 若是不据为己有，不自恃能力高强，不把自己当作主宰，而且不自居有功劳，各种纷争自然化解，哪里有什么阴谋可言呢？

"无为"至少包含三个层次，分别为无知、无能和无所作为。兹说明如下，以供各阶层的主管参考。

无知。只要主管自己认为有知，大部分下属都会自动地装成无知，以满足主管的表现欲。有很多下属向笔者这样反映："主管有知，表示他很能干，也很固执。他很快把意见说出来，在他来说可能只是表示一种看法，而对我们来说却不得不把它当作指示或命令。我们不方便说出不相同的意见，以免被上司误解为顶撞。万一上司听不进去，甚至于恼羞成怒，把下属视同叛逆分子，岂不是更加冤枉。因此大家有志一同，扮演无知的角色来密切配合上司。上司有时候口头责骂大家不动脑筋，竟然如此无知，实际上心里十分高兴，因为从上司的脸上可以找到满足感。我们明白，这样的反应实际上是受到欢迎的。"

"上有知而下无知"是常见的现象。很多上司明知"有知"会累坏自己，会伤害下属，更有可能妨碍下属的成长，却始终如此，不想改变。反过来，上司无知，才能够引发下属的有知。上司能够把表现的舞台让出来，下属自然乐于登台表演。于是，在职场中培育下属，大家成长越快，上司越轻松省力，人才断层的苦恼也将消除于无形。何乐而不为呢？

上司心虚，唯恐下属看不起，因而不敢表现出无知。实际的情况刚好相反。下属逐渐了解了上司的用意和苦心，知道上司不断以善意提供机会来促使下属成长。于是，凡事充分准备，随时提高警觉。有问必答，并且虚心求教。下属心存感激还来不及呢，怎么可能看不起这样的上司呢？

无能。上司很有能力，而且急于表现。下属看在眼里，自然心生警惕：不要和上司抢功劳，以免遭受打压。同样的道理，自动扮演无能的角色来充分配合，结果是累坏了上司，下属也不能长进，对整个组织，造成很大的伤害。但是，每次规劝上司不要这样处理事务，得到的答案大致上都是："我也知道这样不好，更不喜欢这个样子，可是没有办法。碰到这些下属，干什么都是慢半拍。偏偏我是个急性子，等着被他们急死，还不如自己动手。就这样知错不能改，自己累得半死。"言下之意，不幸遇到这样的下属，好像是自己活该倒霉，毫无改变的可能。

实际上，只要自己的观念清楚，明白"下属和主管不同，后者拥有裁决权，可以立即拍板定案；而前者必须多一层顾虑，亦即在做出决定之前，先想一想上司的立场，可能做出什么样的反应。就这么一踌躇，一犹豫，便慢了半拍"的道理，自己先耐下性子稍微等一等，下属就会有所动作。越来越有默契之后，下属自然会越来越有信心，因而反应也会越来越快。

大家都有能力，并且乐于表现，这总比主管一个人独撑大厦要安全得多，也有效得多。

> 用无所作为来诱使有所作为，才是无为而无所不为的具体作用。

无所作为。这句话的意思不能完全依照字面来理解，说什么没有任何作为，或者不需要有所作为。真正的用意应该是"尽量减少看得见的具体作为，却巧妙地增加一些看不见的引导行为"。看得见的具体作为，尽量让下属去表现。他们有了越多的成就感，自然就更乐于卖力表现。上司应该动脑筋，以无形的、看不见的引导行为来诱使下属自觉地工作。用无所作为来诱使有所作为，才是无为而无所不为的具体作用。

上司无为，下属也跟着不为；上司无知，大家都跟着无知。这样的"无"并不符合自然规律。老子提倡无为,主要是防止上司的强作妄为,以个人的知和能来肆意扩张自己的意欲,完全不重视他人的意见和感觉。结果真正有知有能的人,却只能袖手旁观,造成整个组织的灾难。无所作为,除了消极地让出空间,还应该积极地诱发出合理的行为。妥善运用沟通、协调和激励等方法,激发出下属的潜在能力,使他们好好地表现。

为什么说各阶层主管都需要这一番说辞呢?因为每一阶层的主管,实际上都需要相当程度的无为。当然,在程度上有所差异,由上而下,分别呈现出大无为、中无为和小无为的状态。而不管哪种状态都需要学习无为,养成适度无为的习惯,把自己的行为区分出有形的行为和无形的行为。基层比较重视有形的行为,高层更加偏重无形的行为,中坚干部则将有形的行为与无形的行为并重。由基层向上升迁,越来越无形,才能够越来越放手,让下属获得必要的挥洒空间,合理表现。

第九章 创新

创新是必然的,不创新即落后,这是中华文化的基本精神。但是,新有好也有坏,新有优也有劣,必须谨慎小心,保证好的新和优的新,才能促进社会进步,造福人类。

管理是一种文化的产物,有什么样的文化,就会产生什么样的管理。中国式管理,可以说是中华文化的产物,它究竟有哪些特性呢?首先,中华文化是源远流长,一脉相承,连续不断的。西方文化则是不连续的。

希腊哲学家亚里士多德是柏拉图的学生。他不赞成老师所倡导的唯心观念论(Mentalism),说出了他的名言:"吾爱吾师,吾更爱真理。"这表明,西方人为了追求真理,可以公开和老师唱反调。这样的做法在我们中国人的眼里,简直就是没有师承的观念,至少也是不重视伦理。

中华文化特别重视师承,学生有不同的意见,通常不会公开表达出来,否则是冒犯师颜,很可能被逐出师门。我们善于采取引申法,把自己的看法,当作老师看法的延伸,不过是扩大解释的范围,做出不一样的解释,老师很有面子,自然容易接纳，不致恼羞成怒，做出不合理的反应。好在中国文字具有很大的弹性，稍微变换一下，将整个意思加以改变也是易如反掌的事。

> 吾爱吾师，吾更爱真理。

一日为师，终身为父。我们把"师"和"父"看得同等重要，于是要把师父并称。因为中华民族重视孝道，一生一世，父母的恩惠不敢稍有忘记，以对待父母的心情，来看待上司和老师，当然是最高的尊崇和敬意。

亚里士多德死后，希腊哲学每况愈下，希腊的雅典先被斯巴达人灭亡，后受马其顿人的侵占，又被罗马并吞。既然希腊人不重师承，学生可以公开反对老师，这些人当然不尊重希腊文化，以致到了今天，希腊只是一个地理名词，原有的文化，早就断掉了。我们看西方管理，自20世纪初叶，弗雷德里克·W.泰勒提倡科学管理以来，逐渐出现了传统管理学派、行为管理学派、系统管理学派等，几乎每隔一段时间，便有新的理论问世，搞得管理者在忙碌的工作之中，还要不断地接新招，以免漏掉了新的法宝，成为同行的落伍者而自惭形秽，抬不起头来。

反观我们中国，一本《大学》之道，写尽修、齐、治、平的道理，历经两千多年的考验，仍旧是世界上最完美的管理哲学。只要师法这种古老的大学智慧，重视自我修炼，齐整组织、治理情境、从领导变革到经营，应该都能够得心应手，圆融而无暇地完成预期的愿望。

重视师承的好处是师传理论经过了千锤百炼，往往经得起时间的考验而历久常新。新奇却不知好坏，成为不连续的原因，同时也成为不连续的最大杀手。

生产落后的民族，要想改变生活条件，必须接受科学知识和工艺技术，唯有如此，才能够赶上现代化的步调，走上进步的道路。但是，有一个先决条件，那就是尊重和维持固有的文化系统，千万不能够轻易动摇自己的价值观念。我国的固有文化，在科学和工艺方面，显然远比西方落后，必须迎头赶上，以资补救。但是，科学、工艺是一回事，文化又是一回事。物质生活的优劣，大家一加比较，不需要经过深入的思虑，便能分出高低，优劣立判。而要提高物质生活的水平，必须先有进步的工艺，要有进步的工艺，必须先有普遍的科学教育，这也是十分简单的逻辑。所以，物质生活落后的时候，致力于追求工业化和科学化，本来是极其自然的过程。刚开始时由于热情高涨，

> 一日为师，终身为父。我们把"师"和"父"看得同等重要，于是要把师父并称。

甚至认为固有的思想和习惯是阻碍进步的绊脚石,不惜予以放弃和摧毁,也是难以避免的现象。

为了工业化和科学化,我们引进了西方的现代管理。但是,即使融合了西方的现代管理制度,我们的管理也是中国式的管理。而这种中国式管理,更多的是在管理的过程中,重新唤起我们固有的人生观与价值观,对中华文化进行反省。

> 这种中国式管理,更多的是在管理的过程中,重新唤起我们固有的人生观与价值观,对中华文化进行反省。

以创新而言,西方管理信奉达尔文的进化论,只知有变而不知有常,直接提出权变理论,站在求新求变的立场来创新,愈变愈乱,以致到了离谱的地步,还不知道应该收拾残局。现代人的审美能力,大幅度降低,而节俭、朴素、爱惜物力的良好习惯,也消失殆尽。

中华民族由《易经》"一阴一阳之谓道"中,明白了"有变的,就有不变的"。从变与不变之中,体会出"站在不变的立场来变"的创新之道,力求不要乱变。

我们冷静下来,将"站在变的立场来创新"和"站在不变的立场来创新"进行比较,看看哪种观念比较合理。

| 第九章　创新 |

　　站在变的立场来创新，必须具有"新产品比既有事业更重要"的经营理念。著名的 3M 公司（全名是 Minnesota Mining and Manufacturing Corporation，美国明尼苏达矿业制造公司）便是秉持着这样的理念。公司内部有许多创新专家，除了开发新产品外，还要尽力说服公司的审批部门人士，以免得来不易的构想被否决而轻易埋没。

　　研究开发部门坦承要通过严格的新产品审批必须想办法蒙混过关，因此，欺骗便成为必要的手段，大家心知肚明，即使详加预估，也无法计算出新产品的真正成本。由于新产品绝对不能缺少，所以连哄带骗，就成为大家熟练的技巧，几乎不必培训，便十分娴熟。审批人员也逐渐明白：即使是善意的意见，往往也会抹杀了创新，成为大家都厌恶的障碍。申请者是来求取认同的，并不想听意见，不如直接回答："没问题，大胆去做吧！"更加得到大家的欢迎。

　　以高阶主管为首的许多干部，都知道创新的过程并非清白得没有瑕疵，最好的态度，便是睁一只眼闭一只眼，不断提供资源，以期人尽其才，在不断尝试在错误中获得成功。

　　在这种情况下，受害者当然是顾客大众，被当作新产品的试用者，不但没有获得优惠，还要花费更大的代价。因为新产品的价格大多偏高，以获得研究开发的费用。谁喜欢求新求变，爱好新潮，偏爱时尚，就得凭空多费许多金钱。

反观站在不变的立场来创新，研究人员知道要通过审核单位的审批，已经很不容易；想要获得顾客的青睐，那就更困难。在这种谨慎小心的气氛下，创新的速度可能减缓而确保安全与提升品质的功能，大家比较能够以实事求是的态度来面对创新。

当年杜邦公司的工程部把塑胶创造出来后，一再向公司要求，不要急于生产、销售，等待把消除弊端的方法找出来，再生产，以免造成消化不掉的后遗症。公司口头答应，却很快就大量生产，给社会造成了非常恶劣的影响，危害了很多人的健康，逼得发明塑胶的工程师愤而自杀。类似这种尚未完全设想周到便草率问世的产品，还为数不少。事后再怎么道歉，再怎么补偿，恐怕所造成的祸患，都难以挽回，成为很大的遗憾。

企业本身，其实也是快速创新的受害者。工作人员的有效生命缩短，管理者夜以继日地忙碌，也赔上了宝贵的健康。口口声声为顾客服务，结果却使得顾客也跟着紧张忙碌，为了追求新产品而耗尽时间、精力和金钱。最可怕的还是造成了一种急着求新求变的社会风气。人人内心不安宁，社会秩

第九章 创新

序自然难以稳定。那些天长地久、永传不朽的概念，全都不见了。从速食餐饮到速食文化，都是浅盘子装置，深度不见了，大家的脑筋都简化了。凡事不经思虑，反正想也想不出什么东西，只知道新就是好，还有什么比这样更危险的？

> 利用创新的美名，制造不实的宣传，对创新的破坏，实在很大。

我们并不反对创新，更阻挡不了创新。我们只是建议，在过渡时期，企业界不妨采取市场区隔的方式，有些行业、有些公司和国际接轨，采取西方"站在变的立场来创新"的方式，以提升国际竞争力。而某些行业与公司则坚持"站在不变的立场来创新"的方式，以创造精品，方便使用又节省花费。实际上，二战后日本之所以能够以战败之身很快挤进国际市场，还能够耀武扬威，主要原因，即在学习我国"以不变应万变"的最高智慧，在创新方面，超英赶美，获得很好的发展。

创新是必然的，不创新即落后，这是中华文化的基本精神。但是，新有好也有坏，有优也有劣，必须谨慎小心，保证好的新和优的新，才能促进社会、造福人类。否则胡乱创新，未经实证便贸然推出，徒然令人眼花缭乱，是非不明，却又缺乏信心，造成市场的纷乱，人心的不安，又有何用？

利用创新的美名，制造不实的宣传，对创新的破坏，实在很大。

我们衷心盼望，大家都能够逐渐走上"站在不变的立场来创新"，不欺骗，不夸大，实事求是，创造出真正好的事物，以增进人类的福祉，同时也改善社会风气，不再盲目地求新求变。

第十章 尊客

顾客的兴趣，固然十分重要，但是本末不能颠倒，轻重也不能忽略。吃喝玩乐可以引起众人的兴趣，也足以毁掉一切。把顾客的兴趣从吃喝玩乐上巧妙地转移到自己的产品上来，这才是正确的市场运作方式。

商代的"商",是不是由于当时的商业发展与夏朝相比,已经有了长足进步才如此命名,我们已不得而知。但是殷商时代,商人的行迹无远弗届。他们不惜跋山涉水,甘冒生命危险,由远方辗转贩运各种物品,以满足市场的需要,这是不争的事实。庄子的《逍遥游》中记载,宋国人到越国贩卖帽子,发现当地人剪光头发,身刺花纹,帽子根本用不上。这证明宋国人曾从河南到浙江一带经商,而宋国人是殷商的后代,由此可见殷人擅长经商,为贸易而远走他乡。

　　春秋战国时,由于商业发达,出现了许多著名的大商人。郑国的弦高、齐国的管仲和鲍叔牙、越国的范蠡、魏国的白圭以及孔子的学生子贡,都是可以与王侯相比的巨富。商业的发达,成就了许多富人。

秦始皇统一中国后，下令统一全国的货币。以黄金为上币，镒为单位；以方孔有廓的圆钱为下币，半两为单位，称为"半两"钱。他又统一度量衡，并把诏书铭刻在官府制作的度量衡器上，发到全国，作为标准器。

"书同文，车同轨"，这是基于市场公平交易和使用者的需求。但是，秦始皇看到吕不韦由商人变为相国，意识到似乎有钱真的能够通神。为了防止历史悲剧重演，不让商人为祸秦朝的发展，他把全国有钱的富豪全部集中在咸阳城里，以便就近监管。后来的人把这种情况扭曲成了我国重农轻商，甚至于将这笔账算在孔子身上，说什么"士农工商"，把商人列为四民的末端，显出对商人十分鄙薄。

实际上，现代所重视的"市场""顾客""服务""社会责任"观念，我国早已十分熟悉，运用得好像本就不存在一样，是真正地化于无形，融于日常生活之中。我国有不少企业家文化水平尽管不高，却能够出人头地，有着出色的理念和成功的事迹就足以证明这一道理。

譬如结婚事宜，就是一种管理事务。婚姻大事，当事人虽然是新郎和新娘，但他们却往往不能有太多的意见。有人借此大骂父权主义，认为这不够尊重子女的权益。实际原因是基于子女更为长远、重要的权益才如此，必须从更深层的

第十章 尊客

角度去思索,才能明白其中真正的用意。

当子女日渐长大,父母最担心的就是子女的社会关系能力不足,缺乏明白人的指点,也找不到好意提拔的人士。平日大家工作忙碌,若带着子女、未来的儿媳(女婿)去登门拜谒,"推销"自己的子女,不免惹人厌烦。若是造成反效果,岂非不妙!何况一次拜访一位,费时费力,子女也不愿意花费这么多时间。不如利用结婚这件人生大事,名正言顺地当着前来贺喜的亲朋好友、高贵宾客,好好地推荐一番,让大家对这两位新人留下良好的印象,日后对他们主动给予援助和指引。这一对新人在人生的旅途上,可以继承上一代人的福德,承接上一代人的人脉,走得更加平安顺利。这种长远而重大的子女权益,才是父母所应重视的。一般人并不了解,新人当然也不明白。

"父母之命"的正确含义,是父母以子女的长期幸福为着眼点,凭借自己丰富的经验、高深的知识,为子女设计合理的婚姻航程,建立起正确的导航标志。同时通过不断的商量,辅导子女安全准确地进入航道,小心翼翼地驶向结婚的终站。"媒妁之言"的真正用意,是男女两家有一些不方便当面开口的事情,通过可靠的第三者进行良好的沟通,避免言者无意却引起听者有心,徒然破坏两家的友好气氛。"门当户对"的考虑，是基于男女双方在社会地位、文化水平、生活方式、家庭教育与家族声望等方面最好相差不要太远，将来结为夫妇，差异小一些，比较容易互相了解和相处融洽。

结婚典礼中，"一拜天地"表示祈求上天的祝福，使夫妻真正成为"天作之合"而白头偕老。"二拜高堂"代表婚姻不单是新郎和新娘两个人的事情，扩大来说是两个家族的融合，盼望两个家族的亲朋好友，在祝福、道贺之外，务请多加提携、爱护和指导。是向所有来宾宣示，这是一个重视孝道的仪式，双方都不忘根本。既然"忠德出自孝子"，大家就可以放心地伸出援手，给予帮助。最后"夫妻互拜"表示双方互相尊重，帮助新郎就等于帮助新娘，从今以后，不必计较这是男方还是女方的亲朋好友，都给予助力便好。

这么精心设计的"新产品说明大会"，竟然被当作过时的东西，极力加以诋毁和指责。而现代的婚礼，却十分可笑地让一帧放大的新人照片和一位爱搞笑的主持人给完全破坏掉，使好不容易聚集在一起的"顾客"倒尽胃口，对"新产品"丧失信心，甚至让双方的"制造厂家"（新郎与新娘的父母）信用破产。

> 结婚必须经过公开的仪式，这是对双方未来的有力保障。

结婚必须经过公开的仪式，

第十章 尊客

这是对双方未来的有力保障。结婚证书是法律承认的有效合同，证婚人的德望，为全场的人上了一堂"德本才末"的课程。婚礼的主婚人当然是双方的父母，通过现场的互动气氛，由宾客自己去感受和体会是不是融洽，以后他们有事值不值得帮忙。

结婚照片的最大作用，是留下来作为日后的回忆之用。最要紧的是当作教养子女的教材，让子女追随自己的脚步，同样平安而顺利地走进婚姻的殿堂。

现在很多人的巨大结婚照，却是自己不敢正眼看，将来也不好意思拿出来给子女看的照片。问新人为什么这样做？答案竟然是"没有办法，摄影师要求我们这样拍的"。花钱还要接受人家的摆布，真是岂有此理！

为了增加轻松的快乐气氛，找来喜欢搞笑的司仪。司仪本应该是一本正经，按照程序走，不能够太离谱的。而喜欢搞笑的人，却把自己加封为"主持人"，意思是全场的总指挥，弄得证婚人、主婚人都乱了套，不知道如何是好！最近遇到一位主持人，一开始便宣布"由于新郎、新娘从早上一直忙到现在，十分辛苦。各位贵宾也很忙，赶这么远的路，想必肚子已经饿了。所以今天的婚礼，证婚人只能说5分钟的话，其他人都以鞠躬来表示，不再发言了"。不用说，当场

明理：曾仕强说做人做事的道理

引起热烈的掌声。因为大家已经忘掉婚礼的原有用意，来到现场不过是礼尚往来，和老朋友见见面，看看热闹，吃顿饭，别无他意。

> 让顾客使用不好的产品，应该是经营者的耻辱。

一场"新产品发表会"变成"吃喝玩乐的聚餐会"，请问，谁的损失最大？还不是这一对"初生牛犊不畏虎"的新人？他们活像一叶小孤舟，在汪洋大海中自生自灭。能够不怨天、不怨人，已属十分难得。其实就算怨天尤人，也不过是自我发泄一番，有什么作用呢？

现代婚礼搞成这样，主要是忘却了原本十分浓厚的"尊客性"，也就是"以客为尊"的基本精神。

顾客的兴趣，固然十分重要，但是本末不能颠倒，轻重也不能忽略。吃喝玩乐可以引起众人的兴趣，也足以毁掉一切。把顾客从吃喝玩乐的兴趣中，巧妙地转移到自己的"产品"上来，这才是正确的市场运作方式。把顾客的兴趣从我们的"产品"转移到吃喝玩乐上去，则是对顾客严重的不尊重。因为时过境迁之后，大家不是当作笑话看，便是当作蠢人做蠢事，根本看不起。

过去市场上产品少，顾客会主动争取机会，想要看一看。

第十章　尊客

现在新产品不断推出，顾客已经没有办法全盘掌握机会去认识真正的好产品。经营者的责任，必须从引起顾客兴趣转移到"让好顾客能用好产品"的目标上来，才算是善尽社会责

> 最好的办法，莫过于把每一个人都视为自己的贵人，培养一套对待贵人的态度和方式，养成习惯，这样一个贵人也跑不掉。

任。让顾客使用了不好的产品，应该是经营者的耻辱。只顾吃喝玩乐，只会害了顾客。把顾客的兴趣引导到正经事上面来，才是真本事。

最终尊重顾客的精神，主要表现在下述三方面：

1. 把客人当作老板看待。老板的所有错误都由干部完全承担，这样的干部才是好干部。顾客选错了产品，用错了产品，不是顾客无知，而是业界无能。

顾客的声音不一定是上帝的声音，因为很多人根本不认识上帝，也不一定相信上帝。上帝的声音，大可以当作耳边风，不加以理会。顾客的声音，应该是老板的声音，除非你不想继续干下去，否则非仔细听不可。

但是，老板的特性和上帝不同。上帝不会说错话，老板却相反，老板经常说错话。所以老板的声音不可不听，也不能够全听。必须做出合理的应对，才不致挨骂。

2. 把客人当作朋友看待。

我们在商言商,看到顾客,首先想到他的口袋,想尽办法要他掏出钱来。这会使人心生畏惧,丧失信任感。我们和朋友相聚,就怕没让他占到便宜。因为他便宜占得越多,一定对我们越真诚。朋友关系之所以长久,互相信任,就在于互相让对方占便宜,而不斤斤计较。

把顾客变成朋友,是最为妥当的方式。知心朋友,可以避开吃喝玩乐,大家用心谈论正经事,多么难能可贵!吃喝玩乐的朋友,迟早会变成冤家,必然不能持久。

3. 把客人当作贵人看待。一般人都知道贵人十分重要,却经常有意无意地得罪贵人,把贵人吓跑了,或者气走了,非常可惜!

贵人的额头上并没有做记号。我们最大的难处,其实就是不知道到底谁才是真正的贵人,经常看走了眼,觉得自己运气真的很不好。最好的办法,莫过于把每一个人都视为自己的贵人,培养一套对待贵人的态度和方式,养成习惯,这样一个贵人也跑不掉。有些时候原本不是贵人的人,忽然也由于我们的态度而变成贵人,岂不快哉!这一串由市场、顾客、服务、责任连贯而成的理念,我们早已知晓,了然于胸,只要及时实践,便效果可期。

第十一章

考 验

中国式管理,以"一视同仁"为基础,经由不断的考验,带出"差别待遇"的核心团队。

下象棋的时候，棋匣子一翻过来，红黑两种棋子，掉满在棋盘上。这时候下棋的人伸出手去，是拿红色的棋子，还是黑色的？如果下棋的人一伸手就拿红色的，大家看了有什么感觉？会不会认为这位仁兄太自大了，还是根本是外行？根据不成文的规定，应该先拿黑色的才对。

双方都要拿红色的棋子，若是按照两方"竞争"的心态，一定看成是"争"着拿红棋。但中华民族的习惯心理，却是"礼让"为先。我们手上的动作有"争"的样子，心里所想的却是"让"红棋给对方，以表示尊重，完全是谦虚的美德。

"你的象棋下得比我好，我不敢拿红的。诚心诚意把红棋让给你，希望你手下留情，不要让我输得太难看。"这是礼让的心态，并非嘴上说得好听，而是通过实际行动表明自己的心意。

"你的辈分比我高,至少年龄比我大,虽然我们从来没有交过手,但我还是表示谦虚的好意。先礼后兵,才是中华民族的良好修养。"这是另一种用意。

"虽然我的棋艺比你高,但是骄兵必败,狂妄自大只会让人心生不满。为了不让大家看不起我,当然还是要礼让一番。"在这种情况下,对方盛情难却,就应该客气地把红棋接过来。

让来让去,让给比较适合拿红棋的人;而不是争来争去,看谁抢得到黑棋。可见口头上说的,并不可靠;心里想的,才是实情。有时我们不太相信别人说的话,而会从实际行动上加以印证。

坚持要黑棋,有时会变成故意令对方难堪;完全不礼让,伸手便拿红棋,却也是不及的表现。我们常说"太固执,会败事;不固执,会碍事"。可见过与不及,都不是好事情,合理最好。

双方见面,先礼让一番。在礼让的过程中,寻思由谁拿红棋比较合理。有了答案之后,双方达成默契各拿各的,很快就楚河汉界,敌我分明了。

接下来,依据"占黑不占先"的规矩,拿黑棋的人不得

第十一章 考验

先出手，冷静地坐在那里，等待持红棋的人走出第一步。如果双方局势僵持，持黑棋的人可以作出"让"的手势。持红棋的人，便义不容辞，动手了。

中国社会，各种规矩都有。但是，只是口耳相传，并不硬性地做出明文的规定。为什么？理由有三：

1. 凡事硬性规定，等于戒律。既对人不够尊重，又有违以人为本的精神，好像不得不如此这般，心里的感觉完全得不到重视。不作出明文规定，则一切出于自己的意愿，诚心诚意，内心自然愉悦。拿黑棋，很愉快，拿红棋，也十分喜欢。看的人也觉得双方都内行，对他们倍加敬重。

> 我们常说"太固执，会败事；不固执，会碍事"。可见过与不及，都不是好事情，合理最好。

2. 不硬性规定，更加具有弹性。和长辈或上司下棋，先要把他的红棋安排妥当，自己再迅速地整理好黑棋。这种方式，和拍马屁、讨好无关，不过是营造一种氛围，让他享有备受敬重的感觉，增加双方的感情，在欢愉中知所进退地厮杀一番，是和谐社会的良好表现。

3. 硬性规定，则变成一种形式。大家都知道，内心的感觉无从考验。无硬性规定，一出手便知道内行或外行，成为第一道考验关卡。连这种礼貌都不清楚，可见他不关心，也不常打听。用这种人当干部，自己一定要加倍操心；和这种人做朋友，也应该特别小心，免受牵累。

身为中华民族的后裔，必须要养成习惯，那就是随时打听相关的信息，以便入乡随俗。掌握或者了解这些无形的规矩或者习惯之后，才能经得起种种考验，才能出人头地。

实际上，现代企业所重视的企业文化，便是一些不成文的规定。隐隐约约存在，却永远道不清晰。因为一旦明确化，说得清楚明白，便成为戒律，失去了艺术气息。

再以下象棋为例。一般人会觉得，黑的不如红的亮丽，很容易凭自己的喜好伸手便拿红棋。我们用礼让红棋来考验下棋人的修养，十分合乎人性。用人的第一原则就是把"只要我喜欢，有什么不可以"的人淘汰掉。

拿红棋的人，率先走出第一步。我们便知道他原来是个外行人，只是运气不错，懵里懵懂地过了第一关。现在来到第二个关卡，马上被辨识出来。象棋里约定俗成的原则，用意即在优待礼让持有黑棋的人。否则礼让的人吃了亏，争强好胜的人反而到处占便宜，就无法使人对这个规则心甘情愿地持续下去了。

下棋的过程中，如果这个人，从头到尾都使尽心力，丝

第十一章 考验

毫不顾及对方的感觉，我们心中有数，这是个心中"只有自己，没有他人"的自我主义者。在工作中，和同人的配合度必然很差，不容易和别人合作。领导也不放心把比较大的项目委任给他来负责。

同时，下棋时的态度，也是考验下棋人的关卡。吃掉对方一个棋子，就欣喜若狂；被人吃掉一个棋子，便如丧考妣。这种人还能用吗？对这种人一定要小心为上。

有了输赢结局的时候，也是考验人的重大关卡。通常情况是这样的，先由胜的一方开口："承让，承让。"接着由败的一方说："果然棋艺高明。"胜方要给败方面子，败方则顺着台阶走下来，赞美对方高明，表示自己并不弱。

输的人如果不服气，可以说"再讨教一盘"，最好不要说："今天很奇怪，好像有一点中邪！"赢的人还想下，则可以说："这一盘不算数，是我的运气好，下一盘我可没有胜算了。"千万不要说："怎么，服不服气？不服气再来一盘。"

接受挑战时，可以说："难得有机会向你请教，乐于奉陪。"不愿意时，应当说："实在不好意思，我还有一点急事，下次一定奉陪。"

再熟悉的朋友，对于输棋的一方，也不该刻意刺激。因为人的心情不好时，很不容易稳定情绪，稍微不留意，便会恼羞成怒，翻脸不认人，说出更加难听的话，闹成僵局。

中国式管理在控制方面，可以说全面而无形。我们为了达到"用人不疑，疑人不用"的互相信任，必须经由较长时期的彼此考验，所以不成文的关卡特别多。

> 我们为了达到"用人不疑，疑人不用"的互相信任，必须经由较长时期的彼此考验，所以不成文的关卡特别多。

人与人之间，若是不能够相互信任，稍微有一些变数，都很有可能造成彼此的矛盾，甚至产生冲突。不但无法精诚合作，而且很可能互相干扰，相互受到伤害。但是，我们也知道，不信任会破坏团结的力量，过于信任却会促成更为可怕的欺骗。又是过与不及的"度"，实在难以掌握。因此，宜采取"由小信任到大信任"的考验过程，也就是经由不断的考验，逐步增加信任度。

新进人员，不应该凭空要求获得同人或上司的信任。最好心里存有这样的准备："自己好好表现，以提升信任度。"同时，把"信用"当作第二生命，知道"信用只能够增加，不允许降低"，因为一旦降低，再要恢复别人对自己的信心，难度会更大。

第十一章 考验

　　珍惜自己的信用，有机会便借着具体的行动，来增强大家的信心，成为组织内每一成员共同努力的目标。

　　我们要明白，人们不会太相信文字上的这规定那规定，或者口头上的什么承诺。大家所重视的，是实践的成果。所以"少说给人家听，多做给人家看"才是确保自己信用度的最佳途径。最好不要在这方面开玩笑，因为"狼来了"喊过三次之后，就再也没有人会相信了。最大的损失，即是自己的信用破产。

　　人与人不能不彼此信任，又不能够随便加以信任。在这种"两难"的处境下，我们应发挥"兼顾"的精神，把信任和不信任合起来想，以走出一条不会不信任，也不完全信任的道路。对于每一个人，都相信到"合理"的程度，也就是各有各的信任度，彼此并不相同。我们既不应该"一视同仁"地信任所有同人，也没有理由要求同人毫不设防地相信我们。

　　随时有考验他人的打算，也要有接受他人考验的准备，这是中国式管理的特有机制，表现出全面而无形的控制能力。有人说这样一来，会不会觉得太累？我们则认为人是习惯的

> 随时有考验他人的打算，也有接受他人考验的准备，这是中国式管理的特有机制，表现出全面而无形的控制能力。

动物。习惯就好,怎么会觉得累呢?

人是善变的。值得信任的人,也可能会变成不能信任的。世间变数最大的,便是人心。唯一的办法,就是多方考验,证明值得信任后才给予合理的相信。

西方人主张通过制度方面的制衡来加以控制。看起来规避了人性的陷阱,既科学又方便,却无法使人尽心尽力。充其量只激发出权利和义务之间的力量,也就是同工同酬的"平均人"所释放的能量,仅此而已!

中华民族具有一种"不食嗟来之食"的特性,对于有损人格的饮食,宁可饿死,也不接受。这一种骨气,使得我们不能够普遍运用有形的制衡机制。

> 只要立公心,凡事站在公的立场,就十分值得鼓励。

一般人对这种制衡不怎么敏感,实际也缺乏能够计较的资格。"为五斗米折腰"的凡夫俗子,怎么样都无所谓。但是,对于少数具有很大潜力,可以"以一当十"的奇才,若是不能设法激发出他的潜在能量,让他备受制度的束缚,恐怕最大的受害者是企业的领导者。好比刘备,千方百计要制衡诸葛亮,对诸葛亮来说,顶多不过是不必鞠躬尽瘁死而后已,但对刘备而言,却永远不能做大做强,岂不是十分可惜?

中国式管理,以"一视同仁"为基础,经由不断的考验,带出"差别待遇"的核心团队。对一般人员,用制度来约束;对特殊人员,则要给他们无形的殊荣,对其特别加以尊重,使其潜力充分发挥,这合乎中国人的愿望。只要立公心,凡事站在公的立场上,就十分值得鼓励。

第十二章 制衡

对事的制衡，重在看得见的有形部分；对人的制衡，最好采取看不见的无形运作。

人类的尊严，在于享有高度的自主。自己有权做出决定，当然应承担所有的后果和责任。人类的价值，在于享受自由自在的愉快气氛，不需要样样看人脸色。这两种要求，中国式管理都做到了。我们不喜欢被管。在法令许可的范围内，能够自己衡情论理，显得轻松自在。

美国人也很快乐，在上帝的管辖下，只要按时依照规定额度，把收入的一部分奉献给教堂，诚心诚意地祈祷，遵照法律的规定，实践教会的教条，他们便可以享受生活的乐趣。

不幸的是，20世纪初叶，现代化管理这门学问开始建构，采取以事为中心的指导原则，完全不把人当一回事，公然视人为资源，其地位和其他资源相等，甚至于还不如其他资源重要。美国公司的人力资源经理，在组织中的权力和地位根本无法与中国公司的人力主管相比。

> 人类的尊严，在于享有高度的自主；人类的价值，在于享受自由自在的愉快气氛，不需要样样看人脸色。

在美国住得愈久就愈能体会到，现代化管理的最大功能在尽力压抑人的地位，极力抬高金钱的声势。换句话说，想尽办法整人，把人整得痛苦不堪，却又搞出许多噱头，让人依赖金钱以获取物质上的快乐，使得大家人为财死，一辈子过着寅吃卯粮的生活，却毫无抗拒的余地。由于现实生活的单调、乏味、枯燥、孤寂，于是好莱坞拍摄出大量奇幻、有趣、欢乐、热闹的电影，以资调剂，成为美国文化的宣传机器，行销全球，使各地民众误认为美国生活真的如此多彩多姿，羡慕不已。其实，我们只要看看自己发行的影片，当中的侠义、武功、装扮、情景都和现实生活大异其趣，就会明白影片中的情景都是假的。然而，由于美国的国力强盛，竟然使得很多人相信美国电影所描述的情节就是现实。

近年来，由于国内一些公司治理相继出现若干腐败现象，大量的话题纷纷围绕在"制衡"（check and balance）上面。说什么缺乏适当的制衡，很容易让人做出坏事情。制衡的作用在管理上表现为"监督"（supervision）和"控制"（control），前者指"在上位者的指导"，即"依据职权加以考察和评核"，重点在主管对部属的指导与考核。后者即"工作流程的掌控和校正",随时从工作者工作的过程中寻找缺失并加以补救。

对美国人来说,一切依据"游戏规则"(game rules)当中所规定的权利和义务进行。应该向什么人报告,接受怎样的监督,通过什么样的检验,接受哪一种方式的考核,结果如何处置,样样都是白纸黑字,大家照章行事,依法办理,没有情理、法理、义理的争执。公司提出要求,员工有权利不接受,在提出异议之后依法协调、沟通,然后按照新的游戏规则进行。如此循环反复,构成美国式的制度化管理。

中国人经常是"丑话说在前面",意思是规定基本上都是不好听的丑话,先由人的口中说出来,大家都很难过,不如黑字印在白纸上,由当事人自行阅读,比较方便而且不伤感情。偏偏阅读的人,看见印刷物便想起官样文章,觉得不过是好看而已,不一定会照章执行。何况大家都一样,既然别人都能够接受,自己又何必费神阅读,就算提出异议,结果也未必有利,"好汉不吃眼前亏",同意了再说。我们习惯于"熟人好说话",彼此陌生,说什么话都嫌唐突,万一冒犯了上司,还不是自己倒霉?不如先答应下来,等大家熟悉了,有了交情再来改变不迟。

现代企业组织大多规模庞大,员工众多,人与人之间缺乏感情沟通，久而久之，必然会导致士气低落、生活乏味。美国式管理倡导监督和控制，期望增加上下级之间的交往，促进彼此的认识与了解，增进友情和乐趣，以提高士气，增加效益。

在我们的观念里，监督或控制都意味着相当程度的不信任，既然如此，心里自然不乐意。笔者大学毕业时有机会进入台湾地区中央印制厂服务，由于所有的钞票，都由此印制、发行，因此门禁特别森严，每天下班，所有的员工必须经过严格的检查，以防窃取钞票。就是因为这样的规定，笔者放弃了这份待遇不低的工作。天天受检查，时时受怀疑，何必为这一份薪资忍受如此不被信任的监督？除非不得已，否则走为上策。

我们喜欢自作主张，凡事自以为是，常常说什么"一人做事一人当"，这便是不喜欢被监督的表现。对于充分自觉、真正有本事而且本分重纪的人，当然很好。对于不自爱、不自觉、不自律的人却造成管理上的很大障碍，令人头疼不已。

尤其是现代社会讲求"整体性运作"（就是我们常说的"牵一发而动全身"），必须"事与人

> 我们喜欢自作主张，凡事自以为是，常常说什么"一人做事一人当"，这便是不喜欢被监督的表现。

密切配合",构成"同心协力的一致性工作团队"。如果缺乏彼此的制衡,造成不时的调整和补救,实在很难成事。

往昔农业时代,我们习惯于通过指责、怒骂、诅咒来达成制衡的目的,做得不好会挨骂,表现欠佳会挨打,盛气凌人时也会遭受背后的诅咒,这些都是事后的算账行为,对"未雨绸缪""及时校正""确保品质"并不能有所作为。现代化中国式管理,在制衡方面,必须针对这三种要求,有更深一层的认识。

首先,我们要认清,事情的控制重在看得见的有形部分。从建立标准、分辨差异到设法校正,都有一套大家看得见的硬件。在这方面,注重科学化和制式化,大家比较容易接受。美国式管理在这方面的优异成就,我们学得很快,也做得愈来愈好。

至于人的控制,由于我们爱面子、重自主、不受管的关系,最好采取看不见的无形运作。不明言、不着形迹,也不方便公开。人与人之间,很难有什么秘密,所以无形和有形,基本上没有什么差异。我们最好明白,不明言是尊重我们,不着形迹不是搞秘密或故弄玄虚,而是对不同的人,采取不一样的方式。而不方便公开,则是一旦公开,便等于撕破脸,以后的事情更加不好办。既然受到尊重,有了面子,就应该

> 不明言的制衡，能够发挥防止腐朽的功效，又能顾及我们的面子。

格外讲理，认定"不明言的制衡，能够发挥防止腐朽的功效，又能顾及我们的面子"，最好不加以揭穿，使自己真的没有面子，以便能够保持"这是对自己的良好保护，用以证明自己没有腐朽"的冷静态度，欣然接纳。

不着形迹，并不一定非文字化。我们照样可以明文规定相关的条文，形成制度。不过不需要加以强调，不必要求签名认可，以完成法定手续。反正制度摆在那里，真正自觉、自律的人当然会自主阅读，认真执行。

对事的控制，是普遍的、必然的、不能有例外的。对人的制衡则是针对违法乱纪的人，不一定每一个人都会触碰到。没有不法或偏差行为，便不必依法处置。但是对违法乱纪的人，则必然要动用相关的设施。例外太多时，固然应该修改制度，以减少例外，但有规定便会有例外的产生，却是不争的事实，实在没有办法完全消除。

最好的方式，是每一个人都提高警觉：任何事情，太顺利了都很危险。由于物极必反，太顺利必然导致不顺。同样的道理，完全的自主对每个人来说都是非常危险的状态，必须自我要求适当的制衡，以期平安无事。自己对自己的制衡，当在每天自我反省，担心受人责骂，更害怕遭受诅咒，三者缺一，便要自我警惕，赶快自我调整才好。

为了进一步自我设限，最好上下、左右、前后都设置一些制衡的要求。有事情，自己想妥办法之后，务必向顶头上司请示或报告，一方面安上级的心，一方面通上下之情。有事情，不要自己关在室内独自思索，可以找可靠的部属询问宝贵的意见。一方面尊重部属，将来决定之后，还需要他们的大力支持，全力以赴；一方面看看自己的腹案，是不是合理可行。有事情，和相关部门的同人交换意见，一方面加深交情，一方面寻求支援。不要把直言谏阻的部属都视为眼中钉，全部赶尽杀绝，留一两位以魏徵自居的可靠部属，自己也可以过过扮演唐太宗的干瘾，有什么不好？

只要自己不贪图不义之财，不动违法乱纪的歪脑筋，不但不用担心多方制衡使自己难堪没有面子，反而应该认定所有有形和无形的制衡，都在保护自己，促使自己随时提高警觉，守法守分，不存心耍特权。

第十三章

小 异

我们提倡"差不多"就是不能差太多,我们倡导"世界大同",却不是要"世界一同",而是"和而不同"。大同之下有小异,尊重每一个人对每一件事的"小异",已经成为现代人必须具备的基本修养。

请问,当你看到或听到"差不多"的时候,会有什么反应?下述几种可能的态度,请各位自行抉择:

1. 理直气壮地指称"差不多就是差太多",认为好不容易让大家认清"差不多先生"的真面目,务必坚持下去把"差不多"的念头彻底清除掉,以绝后患。

2. 轻松愉快地认为"差不多就是差不太多",这样就好了,再斤斤计较下去岂不是过分挑剔?样样求精确很容易累死人,十分划不来,马虎一点算了。

3. 心平气和地表示"差不多的意思,原本是不能差太多或者并没有差太多。只要弄明白这点,做到没有差太多的地步就好了"。

4. 没有什么反应,因为在大家没有弄清楚"差不多"的定义之前说什么都没用，反而容易引起所谓的义气之争，把大家的情绪弄坏了，就算是对的又有什么用？

5. 一本正经地反问"差不多的意思是什么"，因为说的人或写的人往往没有把定义说明白，甚至于他自己都搞不清楚，就这么说、这么写，结果引起了很多误会。

6. 胸有成竹地说"差不多的原本意思应该是不能差太多，可惜后来搞错了，一再以讹传讹，竟然变成差太多。希望大家拨乱反正，恢复差不多的真面目"。

7. 反问大家知不知道什么叫作差不多，对在座的人逐一加以盘问，然后顺着多数人的意见或者探求少数人的观点，说出一大套理论来彰显自己知识的广博。

当然还有其他不同的表现，因为人有上百种差异，可以说各有各的道理，我们理应加以相应的尊重。

其实上面第一种反应，还可以分为两类，十分有趣：

一类是自己孤陋寡闻又不喜欢动脑筋，一旦先入为主，便自以为是而奉为经典。加上个性耿直，养成"顺我者昌、逆我者亡"的习惯，当然认为"差不多就是差太多"，绝对不能够接受任何挑战，以免再度造成混乱害死更多的人。他不知道，自己原来是"拿来主义"的坚持者，拿着别人"差不多就是差太多"的主张盲目地坚持着，在明眼人看来实在太无知了。

另一类则是"为反对而反对"。会说这种话、做出如此激烈的反应的人,实际上对"差不多"这句话的关注,远不如对说这句话的"人"。不是对提出"差不多"的人极度崇敬,便是对提出"差不多"的人非常不以为然。这种"对人不对事"的现象,在中国社会经常出现,偏偏有这样倾向的人通常都不肯承认。

第二种反应,也有"阴、阳"两种可能:

一是对于"差不多""马虎"和"马马虎虎"的真义依然不甚了解,真的有一点"差不多先生"的味道。如果遇到这样的人,最好反问他"马虎"和"马马虎虎"有什么不同,他若是答不出来,他就真的是"差不多先生"。我们也不必再说什么,因为说了也没用。

假若答得出"马虎是不行的,太马虎必然引起众人的愤怒,惹人厌恶。但是马马虎虎是一种可敬的自谦,令人佩服",同时又举例:"当我的字写得很好,引起大家的赞美,我一定不会回答'谢谢大家的欣赏',反而会说'马马虎虎',表示谦虚的意思。"这样的人确实高明,对待他千万马虎不得,否则下一次就求不到他那"马马虎虎"的墨宝了。各位不妨在实际生活中寻找"马马虎虎"的真相。只有工作的成果令人相当满意，才有资格说"马马虎虎"，大家也才会心悦诚服地接受。遇到工作成果较差，居然还说"马马虎虎"的人，大家必然会心生不满，责问他有什么资格说"马马虎虎"，简直是"太马虎了"，而加以唾弃。

第三种反应，是明白人，也是老实人。既没有抓住机会就要大肆表演的欲望，也没有故弄玄虚，要好好自我表现的行为。认为这种事情，本来就有很多人搞不清楚，可以说任何反应都在意料之中，不应该大惊小怪。因此，心平气和地把先决条件提出来，让大家获得进一步讨论的良好基础，可以说是功德无量。可惜大部分人并不领情，通常对这样的话，既听不进去，也听不明白。老实人吃亏的原因，即在于说的话内容太平实，语气太平淡，令人听起来觉得太过平凡。一般人根本不了解"平实、平淡、平凡"的可贵，才导致老实人吃亏，实属不该！

第四种反应，是老实人不吃亏的表现。既然老实，为什么似乎又不老老实实？先看看大家的反应，再依据当时的情况，然后确定自己要不要讲，怎么讲，讲到什么程度。这样岂不是更加实在？可见老实人也能够不吃亏，而从更深一层

> 中国人，特别是聪明的老实人，经常保持沉默。

次推知，老实人之所以吃亏实在是由于老实的修炼还不够。果然是自作自受，怨不得别人！

中国人，特别是聪明的老实人，经常保持沉默。并不是害怕说话，也不是舍不得说话，更不是存心让别人先说先死来谋取自己的利益。而是把嘴巴闭起来，才能够用心看情况，用心听别人说些什么，然后用心思考自己应该说什么，怎样说，如此谋定而后动，当然"不开口则已，一开口必然一语中的"，以期收到最好的自我管理成果。老实人不聪明，主要的缺失在"说得太快，又说得太多"，不能够掌握差不多的时机，说到差不多的程度，以致效果差太多，从而后悔不已。

第五种反应显得太迂腐了，完全是做学问的学者。没有把学问做好，先摆出学究的样子，完全不明白"对中国人来说，越是一本正经地发问，越得不到真实的答案"，可能是翻译作品读多了，离中国人太遥远。

第六种反应，是把自己当作老师，忽视了只有面对着学生，而且还要是自己的学生，才可以如此这般。

第七种反应，则是令人厌烦的好为人师。一下子好像到了课堂，或者登上讲台，便要拷问学生，弄得大家一万个不愿意，他还沾沾自喜！常见某些人，一拿起麦克风，便用自己熟悉的问题来盘问在场的人。难怪我们都知道"人之大患，在好为人师"，却只用以规范别人，对自己丝毫不产生约束力。

请问，当你听到或看到"差不多"这个名词或形容词的时候，会产生什么样的反应？我们尊重每一种不同的态度。因为我们的主张是"和而不同"，而不是"同而不和"。凡事能够不差太多，做到差不多就好。

> "差不多"的弹性并不是固定的，而是动态的，也就是我们常说的"看情况"。

以现代管理的标准，拿现代科技来要求，任何产品的质量，都存在着合理的误差。只要在误差上限和下限的范围之内，便是可以接受的良品，在上下限的范围之外，才是不良品。

气象台预报明日的气象，尽管设备很齐全、仪器精密、人员很用心、预报很清楚，但仍不能保证十分准确。

求和而不求同，便是承认差别的必然性。只能够求其不会差太多，不能求取绝对的一致。差别的限度，必须求其合理，也就是在上下限之间，不能逾越。在上下限之间，称为"差不多"，表示"没有差太多"，遵守"不能差太多"的规则，达成"不能差太多"的要求，展现"不能差太多"的成果。

"差不多"自身也具有"差不多"(不能差太多)的局限性，否则就变成"差太多"。这个局限性，必须因人、因时、因地、

> 尊重每一个人对每一件事的"小异"，已经成为现代人必须具备的基本修养。

因事而制宜，寻求此时此地的合理程度。所以"差不多"的弹性并不是固定的，而是动态的，也就是我们常说的"看情况"。绝对不能"马虎"，才有资格说"马马虎虎"，可见我们的要求应该非常严格。基于"和而不同"的和谐要求，我们这样说，可以减少大家的疑虑和不安，降低日常生活中的紧张气氛。先圣先贤的美意被滥用而不知，产生了十分可怕的扭曲和误解，我们应当拨乱反正，以求正本清源。

当然，我们有时也会提出绝对一致的要求。但是，那是非常时期的非常手段，不能够天天如此，事事这样，否则不合乎人性的要求，不可能长久地维持下去。放眼看去，宇宙万物的存在形态，是"和"而不是"同"。看起来同是花草，但每一株、每一朵都不可能完全相同；同一座黄山每一次去，都会看出不一样的景色；同是人类，可每一个人都有自己的人生观和价值观。生物科学家明白地告诉我们，物种必须多元化，才能够生生不息。

我们倡导"世界大同",却并没有"世界一同"的主张。因为"大同"之下还有两个没有说出来的字,那就是我们十分重视的"小异"。尊重每一个人对每一件事的"小异",已经成为现代人必须具备的基本修养。

小异也就是合理的差异,大家不能不接受。"小异"的意思,是在组织成员之间允许保留不同的意见,维护不同的利益,在彼此不同的基础上,具有追求相同意愿的行动。所采取的手段不能过分激烈,否则便是专制、蛮横,非但难以持久,而且日久生变是大家必须承担的苦果。"差不多就是差太多"从根本上属于消极的负面思维,不是我们的古圣先贤所要求传承的。"差不多必须不能差太多"才是轻松的正面思维。"差太多就是差太多",已经不是差不多,和差不多扯不到一起,最好早日加以摒弃。

第十四章 预防

中国式管理,十分重视未雨绸缪。凡事预防重于救急,必须设法防患于未然,才显得考虑周到。

朋友说了一则故事：有两条铁轨，一条是火车通行时所使用的，另一条则是已经废弃不用的。有一天，好多小朋友聚集在那一条还在使用的铁轨旁边玩耍。而废弃的那一条铁轨，只有一个小朋友在那里跳来跳去。突然间，火车来了。负责扳铁轨的人，看到眼前的险象，为了挽救大多数小朋友的生命，赶快把道岔扳到已经废弃的那一条铁轨上，结果牺牲了一个孤独的小朋友。请问，这样的处置合理吗？有没有更妥当的办法，使得既把伤害降到最低，又顾及公平和正义？

在这个故事中，道岔工是唯一拥有决定权的管理者。当他做出这样的抉择时，究竟是一种什么样的心态？这是我们十分关心的重点。如果那一个孤独的小朋友，恰巧是评论者的家人或亲友，毫无疑问，大家就会异口同声地指责道岔工太没有良心了。若是抛开这种自私的因素，我们才会静下心来，想一想当时的情况和取舍的标准。

牺牲少数成全多数，一直是被大家认可的原则。然而在这个故事当中，小朋友在铁轨附近玩耍，本来就不对。相比之下，在废弃的铁轨边玩耍，远比在使用中的铁轨上玩耍要安全得多。牺牲做法相对合理的小朋友，挽救那些做法更不合理的多数小朋友，做法相对合理的小朋友岂不是十分无辜？何况火车一来，在使用中的铁轨上玩耍的多数小朋友，因为警觉性很高，很可能及时逃离危险地带。反而那一个小朋友，由于知道那是一条已经废弃不用的铁轨，以致缺乏警觉，根本没有逃离的准备。那么，是不是原本完全可以没有伤亡的情况，这么一切换，却造成了如此惨剧？这是从事管理的人必须慎重考虑的问题。

首先，我们都十分明白，人类生存在相对的宇宙中。我们所能够拥有的，不过是相对的自由和相对的平等。虽然我们自古以来便一直向往绝对的自由和平等。经历这么长久的尝试与演练，相信大家已经有一些觉悟，知道人类固然有绝对的倾向，但管理者却必须务实地接受相对的事实。毕竟管理是一种实务，并不是空谈理想，高喊口号，脱离实际，就能够有所交代的。

第十四章 预防

当我们做出决定的时候,理论上应该是先弄清楚当时的情况,模拟出各种可能的变化,设计出各种不同方案并预测其可能导致的结果。然后再明确地选择,慎重地决定。然而实际上的运作经常并非如此。道岔工按理说在火车尚未到达之前,就应该把所有在铁轨上玩耍的小朋友全都劝导离开,以策安全。但是,按照降低营运成本的原则,这位道岔工可能还有其他的事务需要处理,不可能专心致志地只管扳道岔,或分心去想还有没有预料之外的危险情况等。结果时间一到,火车快来了,这才放下手中的工作,走出来准备扳道岔。没想到眼前有一大堆孩子,不知从何而来,不知为什么聚集在这里,自己心中一乱,当下也拿不定主意了,不知道究竟应该怎么办。

几乎大多数的决定,都是在准备不足、拿捏不准、考虑不周的情况下仓促而成的。要

> 我们所能够拥有的,不过是相对的自由和相对的平等。

不然为什么有人时常后悔、感叹人生不如意事十之八九呢?每一部电影,都是在不满意却又无可奈何的心情下完成的。每一件作品都是在错误难免、敬恳指教的序言中匆促印刷发行的。管理者所做的决策,无不经过事后的修饰和美化,才显得真正高明。这应该是大多数人心知肚明的事实。

其次，我们应该知道：天下事有利必有弊，有得必有失。摆在我们面前的，很少是唯一的道路，而是不同的两种途径，甚至是多样的选择。但是我们的共同难题，即只能选择其中的一个作为合理的定案。

两条铁轨，一条上面聚集了很多小朋友，而另一条只有一个小朋友。我们做选择的时候，并不能只是依据数量的多寡判断。何况一条性命，毕竟不是一件物品，生命是无价之宝，不能简单用数量多少来衡量。再说得深层一些，如果这个小朋友的天资奇高，长大后可能成为当代的伟大人物，结果小小年纪便夭折了，岂不是社会的最大损失？不管怎样，这个小朋友的死亡对他的家庭来说，都是难以承受的悲惨事件。这时选择的对与错，其重要性反而不是很大了，无论怎样决定，道岔工都难辞其咎，罪过难免！

既然有人负责切换铁轨，就表示那条已经废弃不用的铁轨仍然具有备用的价值，否则为什么需要切换？由此可见，若真是废弃不用，便应该早日拆除，以免造成日后是非争论。现在仍在切换备用，就不能认同废弃。在这两条铁轨上面玩耍同样都是不对的。此时，道岔工只有切换与否的抉择，不能够以小朋友的数量当作选择的依据。

最好的办法是道岔工应在火车到来之前，提前来到现场，发现任何小朋友，甚至动物，都设法加以警告，促其及早离开，以免造成意外的伤害。道岔工的工作时间，应该加上前置量，并且严格要求其遵照实

> 管理者所做的决策，无不经过事后的修饰和美化，才显得真正高明。

施。我们常说制定制度和执行规定的人都要凭良心，讲道理，在这一事例里得到明显的佐证。

　　实在不放心，也可以把铁轨切换到废弃不用的铁轨上，然后快步将那个玩耍的小朋友拉开。但是，必须慎防原来聚集在使用中铁轨上的小朋友，看到火车来了会跑到这条废弃不用的铁轨上来，以免造成更为惨重的伤害。道岔工在火车抵达之前，拥有充分的前置时间，可以一方面大声吆喝，呼叫聚集的小朋友们赶快离开，又能将单独的那个小朋友亲自拉开。因为他独自跳来跳去，很可能是没有听到呼喊，需要特别的照顾。

　　任何决策，看起来都是单独的事件，实际上却是诸多因素混杂在一起的，彼此具有十分密切的关系，牵一发足以动全身。决策者的专业修养，往往在紧要时刻，反而成为思维的束缚，把自己引到牛角尖里；或者以偏概全，看不到整体和大局。而通才的管理者，由于见多识广，能够从不同的角度、相反的立场来观察、研判和分析，做出就当时情况来说

最为合理的决定。

我们不可能要求道岔工具有通才的条件,我们只能设身处地、将心比心地把他们的任务与配套要求规定好,加以详细地说明并给予其必需的时间,使其得以从容不迫,心中有数地处理好自己的工作。

当然,最要紧的还取决于道岔工的心态是不是正常。看到那么多小朋友出现在铁轨上,道岔工心里怎么想,是我们十分关心的事情。如果他心中想到的是,要牺牲多数还是少数,那就不正常。正是有了这样的念头,结果牺牲了那一个小朋友的宝贵生命,实在不应该。深层分析一下,这其实是一种我们常见的却是不容易觉察出来的"功劳感"。如何减少损失自己才有功劳已成为这时候决策的主轴,这是非常不合适的。如果没有功劳感作祟,便会头脑冷静下来,告诉自己任何灾难都不可以发生,因为这是自己应负的责任。没有了功劳感,才不致诱使自己陷入利害的旋涡,从利与害之中二者选一,做出危险的决定。

应该做好的工作,本来就没有什么功劳可说,这是工作人员应有的心态。可惜由于激励的误导和滥用,经常出现"有功劳的事多做",甚至于"有功劳才做"的偏差态度。死一个和死很多个小朋友,都是罪过,绝对不是少死几个就有功劳，这才是正确的心态。

中国式管理，十分重视未雨绸缪。凡事预防重于救急，必须设法防患于未然，才显得考虑周到。

看到《三国演义》描述诸葛亮给赵云的三个锦囊妙计，有些人也许会觉得太过神奇。实际上，诸葛亮这位高明的决策者，是事先经过缜密的沙盘推演之后才有的这三条妙计。先设想孙权把妹妹许配给刘备，有真假两种可能性。如果是真的，敲锣打鼓才显得喜气洋洋，这样做只有好处没有坏处。万一是假的，借着热闹的气氛来引起众人的注意，以期弄假成真。进一步模拟做假必须瞒骗的对象，当即推出孙权的母亲这一个假想敌。找乔国老来道喜，自然直接而有效。然后想到刘备婚后的日子，不难体会半百人士安逸下来的心情。什么荆州大事，完全比不上居家的亲密小事。因此安排赵云假意告急，使刘备不得不回来。再进一步设想去时容易返时难，要脱离孙权的虎口，当然困难重重。这才告诉赵云，危机时打开第三个锦囊，让刘备亲自观看。刘备依计激怒孙夫人，拔出宝剑，怒喝紧迫在后的吴将丁奉和徐盛，终于脱困逃回荆州。

三个锦囊所提示的策略，无非当时当地所应该采取的决策。只要事先用心模拟、研判和分析，必然能够预先防患，并没有什么神奇可言。

明理：曾仕强说做人做事的道理

现代人的心态大多保持"公事公办""尽力而为"，再加上"又能对我怎样"，以致缺乏预防性。既然"公事公办"，何必用心，一切依照规定办理，自己便能够不负任何责任，何乐而不为？"尽力而为"表示自己能力有限，能够办到这样的地步，已经不容易，值得赞扬。因此没有获得嘉许，便会心生不满。至于"又能对我怎样"，则是最为可怕的自我设限。反正不违法乱纪，已经尽力，大家若不满意，又能对我怎样？自己就这么一点本事，所以才安置在这样的位置，挣这么一点钱，对我而言，实在是"又能怎样"？这不是无力感，而是更为严重的无助感。明明可以突破困境，获得自我成长的，也因而放弃努力，安于现实，不求上进，岂不是自暴自弃，和自己过不去？

事先防患，必须以设想周到为自我要求的标准。平日多看、多听、多想，尽量扩大自己的视野，吸纳别人的经验，增强自己的智慧，养成深思熟虑的良好习惯。凡事具有改善意识，好上还要加好。这样日积月累，中国式管理的预防性，才能够逐渐恢复应有的功能。全体员工都能够预防重于治疗，企业自然会不断发展。

> 事先防患，必须以设想周到为自我要求的标准。

第十五章

包 容

多元化是免不了的现象,如何在多元化中,做出此时此地的一元选择,这才是包容性的必要条件。

我们的态度，自始至终保持着"既不赞成、也不反对"的包容性，所以能够一以贯之，不需要改变。

中国式管理的标准，众所周知，就是"合理"。我们所赞成的，是合理的部分，所反对的，是不合理的部分。换句话说，当我们说赞成的时候，我们只是合理地赞成，其中含有"若是演化下去，变成不合理的话，便会反对"的意思。当我们表示反对时，也只是合理地反对，同样含有"如果修改得合理，一定会赞成"的言外之意。这种可以改变的赞成或者反对，实际上十分理性，毫不感情用事。可惜很多人看不懂也想不通，反而当作模棱两可、投机取巧的代名词而加以鄙视和放弃。

西方人说"是"就是"是"，说"非"即为"不是"。中国人说"是"的时候，含有"不是"的成分，而且范畴可能包括"不是"。这种包容性和变动性，西方人很难理解，更不容易接受。现代中国人竟然也按照西方人的判断标准，否定我们的特殊语法和思维法则。用数学公式来表示，即合理的"是"＝合理的"不是"，把等号两边的"合理的"去除，便成为："是"＝"不是"。同理可以类推："要"＝"不要"，"参加"＝"不参加"，"反对"＝"不反对"……"我反对"，只不过表示"我反对应该反对的部分，至于那些不应该反对的部分，我还是不反对"，这样，才叫作合理。同样的情况，"我不反对"，也是在表达"我不反对不应该反对的部分，那些应该反对的部分，我还是反对的"态度。由于任何一件事，都不可能百分之百合理或者百分之百不合理，所以我们既不全部赞成也不全部反对，其实已经充分表达了我们"赞成应该赞成的部分，反对应该反对的部分"，也就是合理的审慎态度。

> 我们的态度，自始至终，维持着"既不赞成、也不反对"的包容性，所以能够一以贯之，不需要改变。

孔子主张"孰可孰不可"，便是依据下列公式：

"可"＝"不可"，换句话说，任何道理都应该配合时空的条件，才能够判断其为"可"

或者"不可"。不应该脱离时空来定判断。目前的情境为"可",不久之后,时过境迁或者人事有所变动,很可能变成"不可"。

我们还原本来的面目,应该是:合理的"可"=合理的"不可"。意思是,合理的部分——可=不合理的部分——不可。

包容性是不是大小通吃,以致什么都要,什么都吃不出味道?并不是。我们是把每一样事理,安排在妥当的层次。比如,说实在话,就基层员工而言,应该有什么说什么,不要隐瞒,更不能欺骗。说得难听一些,就成为"既然你没有说得妥当的本事,那就有话实说,让大家去判断好了"。基层员工,为什么有话不愿意公开说,不就是害怕万一说得不妥当,后遗症十分严重吗?一句"不会说话,闭嘴就好了,不说话没人会把你当哑巴",也就过去了。但如果万一说不好,便吃不了兜着走了。基层员工的习惯,是有事情偷偷地向直属主管报告,至于要不要说,要怎么说,悉由主管做决定,一方面表示忠诚,不与主管抢功劳,另一方面则是自己的本

> 我们既不全部赞成也不全部反对,其实已经充分表达了我们"赞成应该赞成的部分,反对应该反对的部分",也就是合理的审慎态度。

事还达不到,不如交由上级去处理,以求安全。

中层主管,每每在听取基层员工"打小报告"似的悄悄话之后,接着问"这件事有哪些人知道",或者"你还告诉了哪些人",以便判断自己要不要说,又该怎么说。可是到了中层主管,已经不是单纯的有话直说,而是要求"同一样事情,必须说得妥当一些",也就是"说得大家都听得进去,不致有人恼羞成怒而横生枝节"。

有很多事情,原本很容易商量办理,就是因为"他为什么要这样讲"这句话而愤怒,甚至衍生怨恨,反而造成很难克服的障碍。同样一句话,说得委婉一点,适当保留一些,客气加上谦虚,往往有意料不到的收获。

高管往往自己不说,却要中层主管去说。说得好自己有功劳,说得不好趁机对中层主管加以教训。看不懂的人,会大骂其为阴险、奸诈。其实这表示高管能用人,不与部属争功。并且善于在职场上培训人才,看看部属能不能在沟通方面有所精进。当我们自己如此这般的时候,我们会往好处想,认为自己有容乃大,允许部属表现。当别人这样处置时,我们却往坏处想,这也是另一种包容性。警惕自己这样对待部属,不应该存心不良,才合理。

由此可见,无论说与不说,或采取其他什么样的说法,

第十五章 包容

都是可行途径之一。这种众多选择的包容性，使我们必须多方学习，时刻警惕，勤动脑筋，以求权宜应变。

包容性的意思，是将所有想到的代案（彼此可以互相代替的方案），全都列举出来，安排在妥当的层次，而不加以排除。我们还要时常提醒自己，最好的方案往往就是自己所没有想到的那一个，因此经常保持谦虚的态度，多听、多看、多问，排除成见和歧见，不要先入为主，以期包容各种不同的意见。寻找出此时此地真正合理的那一个方案，才算是克尽己责，问心无愧。

管理者的谦虚，表现在多问问题，多提疑难，而少表示意见。因为管理者一旦有所表示，就非常不容易听见不同的意见。那些在上司面前敢于坦白说出相反意见的勇者，我们应该特别加以注意。主管真心要听部属的意见，只要不先入为主，先把自己的意见隐藏起来，变成合适的问题，便可放心地让部属先说，接下去看他们怎样说，用不着鼓励大家有话直说。而且要明说，以免弄得自己承受不了，反而恼羞成怒，造成僵局。

有人会说，既然具有极大的包容性，希望听到不同的意见，为什么不尝试打开大门，

> 管理者的谦虚，表现在多问问题，多提疑难，而少表示意见。

让大家畅所欲言呢？这个问题，显然是深度不够，经不起推敲。因为言论自由的结果，势必造成贤士袖手旁观，劣币反而驱逐良币，受害最严重的，还是管理者。我们经常看见所知不多的人，喜欢侃侃而谈，说出许多似是而非的言论。知道得愈多的人，必然由于愈小心而显得不敢多言。若是管理者表示支持这些小心谨慎的人，那些侃侃而谈的勇者自然心中不服，如果不识相而力争，又将结果如何？如果主管为了表示雅量和气度，采取开放的方式，允许部属自由竞争，那就更加难以做出准确判断了。因为贤士大多深明礼让、和谐、不争的道理，有时候更有不忍心使年轻人下不了台的想法——当然这种想法实际上也是居于自己会老、总有一天年轻人会成熟的想法——所以说到差不多便不再坚持。除非主管力挺，通常不方便再据理力争。

敬老尊贤的伦理，便是根据这种实际情况和可能发生的演变，多求防患，才提出来的要求。若非如此，老者或贤士，大多宁愿袖手旁观，并不急于和大家一争长短。

包容性并不是现代所常论的多元化，它不能违反宇宙定于一的自然规律。现代的多元化，意指"仁者见仁、智者见智"。既然各有见地，而且彼此必须互相尊重，不能否定对方，请问还有什么公义真理可言？多元化变成混杂化的美化

第十五章 包容

名词，实际是杂乱无章，理不出一个头绪。再怎么"仁者见仁、智者见智"，在此时此刻，必然也要有一个合理点，否则怎么做出决定？当局者迷，所以才"仁者见仁、智者见智"。决策者必须突破盲点，以"旁观者清"的态度，做出合理的抉择，务求定于一，大家才有办法步调一致，产生坚强的执行力，进而奋勇向前。多元化是必须的，因为多元是宇宙生长的动力。有多元才有矛盾，有矛盾才能产生变化，有变化才能够生生不息，持续发展。多元是制造矛盾的动力，然而种种矛盾不能够对立、冲突，以免造成毁灭，最好是互相包容，和谐协调，因时空的变化而随时出现合理点，以维持动态的平衡，也就是定于一的合理表现。

包容性不是含含糊糊的乡愿，也不是清清楚楚的莽夫。含含糊糊人人厌恶，清清楚楚却人人害怕。我们比较推崇含含糊糊的清清楚楚，心中有数，口下留情。我们常说不要造口孽，要积口德，便是指此而言。

> 我们比较推崇含含糊糊的清清楚楚，心中有数，口下留情。

说到大家已经明白的地步，就不要再说了，再说下去并不会有好结果，不是惹得听者恼羞成怒，便是逼得听的人全力反击，当然没有好处。现代所倡导的公开化、透明化，实

> 既充分尊重大家的意见，同时自己能够负责任地做出决定，抱定"千万人吾往矣"的决心，才是真正的勇者。

际上都应该适可而止，不应该过分，以免造成相反效果。公开到差不多，透明得差不多，效果往往最好。

包容性的功能，主要在尊重所有人，给大家留面子。因此受尊重、有面子的人，必须格外爱惜自己的面子，既不能乱说，也不应该多说。凡事视当时的情况，说到差不多就好了，停下来看看对方的表情，再决定下一步要怎么走。有往有来，才能够产生往来频繁的顺畅沟通，否则大家都不说，只听某一个人滔滔不绝地说，危险性很大，必须提高警觉，赶快打住，以免酿成大祸。

受尊重、有面子，最好的方式便是自律和守分。自己约束言行，绝对不能逾越分寸，一旦逾越了，原来尊重我们的人忽然翻脸无情，来个倾盆大雨，让我们不知所措，那才是自讨苦吃。

多元化是免不了的现象，如何在多元中，做出此时此地的一元选择，才是包容性的必要条件。既充分尊重大家的意见，同时自己又能够负责任地做出决定，抱定"千万人吾往矣"的决心，才是真正的勇者。

第十六章 简易

一句话有好几种解释，这是十分常见的事情。每当听到一句话，如果是自己重视的那一句，当然要费心研判。久而久之，自然会找出精准的简易性，愈来愈轻松。

干部请示领导的时候,某些领导会这样回答:"你自己看着办好了。"这种指示,通常有好几种含义。

　　对十分信任的干部,领导的这句话充满了尊重,意思是:"我已经知道了,也相信你能够处理得很好。不过,我还是提醒你,结果必须令大家满意才行。"

　　如果在场有更高的领导,即使领导有话要说,大概也不会在这个时候当着自己的上司交代部属,用意应该是试探上司的反应,让上司听见自己的交代,不满意时可以当场改进。否则,大多含有责备部属的意思:为什么当着自己的领导请示这种事情?这时候"你自己看着办好了",最好的解释应该是"去问更高领导的随从,看看应该如何处置才好,怎么来问我?"和在场最高领导无关的事情,不应该在这个时候请示。相关的事情,理应征求最高领导的指示。为求慎重起见,当然要先和最高领导的随从商量，以示尊重。

对一般的干部，这句话的重点应该是"你平日的表现不算很好，希望你这一次好好把握，好好表现，以增加我对你的信任。当然，如果没有把握，还是要继续和我商量，以确保良好的成果与目标。"

带有叛逆性的部属，由于平日的表现经常是领导讲东，他用西来回应，弄得领导根本不想有所指示，干脆用这句话来警示部属"自己看着办，便是自己要负起完全的责任"。附带的意思则是"如果真的要听我的意见，请先改改你的态度"。因为修养再好的领导，都不能够容忍这种持续性的反调。部属有相反的意见，除非十分紧急，否则用不着急于当场就表现出来。即时对上司提出异议，便是表示心目中根本没有上司的存在。这种目中无人的态度，愈有能力，愈得不到上司的尊重。相当于恃才傲物，让上司敬而远之，只好用这样的话，来表达自己的心意。

对平日表现欠佳的部属，这一句话的用意，显然有轻有重。轻的是"告诉你任何意见，基本上都是白花力气。不如不说，让你自己去摸索"。这种人错不到哪里去，而这些事也无关紧要。只有用不着操心时，才敢这样回答。重的是"你随便说说，我也随便回答"，回头告诉可靠的干部，赶快盯住他，把这件事情处理好。

中国人、中国文学和中国话，有一个共同点，那就是弹性很大，似乎怎样理解听起来都相当合理。我们经常会错意，以致被骂不会听话，便是很好的证明。

大家对一句话的解说不同，体会便会不一样，因此自然会产生不相同的反应。从这些不同的反应，我们可以看出反应的人所具有的心态以及不一样的修养。

有些人痛骂说这种话的主管太不负责任。部属来请示，作为主管怎么可以说出这样模棱两可的话，让部属无所适从。万一结果不好，岂不是让公司受害？

> 中国人、中国文学和中国话，有一个共同点，那就是弹性很大，似乎怎样理解听起来都相当合理。

这种反应只能说明他对中华民族传统的无知。我们除非万不得已，否则宁愿"不明言"，也不愿意把话说得太清楚，以免失去回旋的余地。对自己、对别人，甚至对于事情本身，都是弊大于利，实在是困死自己。

因为内外环境不断变化，引起事情的不确定性。指示太清楚了，部属真遭遇一些变数，也会不加考虑便按照上司的指示去做，反而造成不合理的现象。究竟应该由谁来负责？愈是高层管理者，愈不能把话讲死，原因即是距离现场愈远的人,愈应该留出一些弹性空间,让部属自己按照实际情况进行合理的调整,以确保成效。

主管把话说得十分明白,部属也不应该认为上司意见已定,闭着眼睛照着去执行,便万无一失。万一遇到变数,影响到成效,相信上司照样会追究部署的责任。请问,任何清楚、明确的指示,实际上和"你自己看着办好了"有什么两样?可见这样的认知是不够深入也不很用心的表现,不值得重视和认同。

有些人认为既然上司如此回应,那就真的自己看着办就是,用不着再想那么多。有这些想法的人简直不堪造就,因为太没有脑筋,也不够机警,结果必然会自作自受,让上司看不起,也让同人当作笑话看。大家笑他:"上司叫你看着办,你就真的自己看着办?未免太天真了!"

没有哪一位主管会毫无责任感地放手让部属自己看着办,因为主管的责任是无论如何摆脱不了的。部属做得不好,主管必须担负相当的责任,至少主管的上司一定不会轻易放过他。主管这样说,只是找不到更好的表达方式。千万不要望文生义,认为就是这个样子。

> 上位的含含糊糊,目的无非在诱发下位的清清楚楚。

有人认为上司和部属朝夕

相处，有什么话照直说就是，这样含含糊糊令人费心猜想，实在不是好办法。这种人迟早和上司处不好，因为直来直往，彼此愈来愈率直，就会愈来愈不考虑对方的感受，很快就会使人受不了，产生心理上的裂痕，反而很不容易修复。

有人认为依据伦理的法则，上和下之间，居上位的人再含糊，居下位的人也不需要抱怨和不满。因为上位的含含糊糊，目的无非在诱发下位的清清楚楚。

基于这样的认识，我们不但不应该抱怨和指责，反而应该自己检讨，为什么上司会这样回应？把原因找出来，自己来改进，逐渐赢得上司的信任，改善彼此之间的关系。这种人才是最聪明的，很快就会找到自己的出路。

有人听到这些分析，非常不耐烦。认为一句话造成这么多的困扰，难怪大家不能专心做事，不容易进步。这种缺乏耐性的人，我们很难加以拯救。世界上真正美好的事物，实际上都是经过千锤百炼才创造出来的。玉不琢，不成器，人不磨，长不大，欲速则不达。这种人真的是无法理解。

美国著名物理学家卡普拉（Fritiof Capra）说过："每一个字或概念，无论多么清楚，也只能够应用在有限的范围内。科学理论对实体从未有过完整与确定的描述。它们永远只是接近事物的本质。说得更明白一些，科学并未研究真理，它

> 我们所能够知道的，远远超过我们所能够说明的。

们只是对实体做出有限和近似的描述。"

科学语言尚且不能要求明确而清楚，管理上的用语，哪里有办法做到明确而具体？方法论大师迈克尔·波兰尼（Michael Polanyi）也曾说过："我们所能够知道的，远远超过我们所能够说明的。"如果部属一定企盼、要求上司说明白、讲清楚，那就是不知道上进、太过依赖的被动心态。

21世纪的企业竞争力，并不在于那些清清楚楚、明明白白的"外显知识"（explicit knowledge），而在于某些不可言传、难以模仿的"默契知识"（tacit knowledge）。tacit这个字源自拉丁文的"默契"，有心照不宣的意思。不用语言表达而彼此能够互通，具有浓厚的"禅"味。随着中华文化时代的到来，竞争力也逐渐在变。如果我们还停留在近四百年来西方流行的沟通模式，不能及时把我们"言有尽而意无穷"的功夫施展出来，不但不能够超英赶美，反而会落在他们后面，岂不是十分可惜？简直是和自己过不去。

我们通过"执简驭繁"的运作，很容易把前面所分析的种种变化，简化成十分容易理解和掌握的方式。只要我们把握"不管上司怎么说，部属都应该努力做出合理的成果"这

第十六章 简易

一个亘古不变的常则,就用不着反复思考,穷于推理,弄得自己苦恼不堪。因为上司这样说,即使有好几种动机,而其用意不外乎"再仔细考虑,尽心尽力把事情做好"。我们何必花费心力去探索、追究真正的动机?为什么不能管他是什么动机,自己秉持"凡事经过自己的手,务必尽心尽力"的不二法则,平心静气地把事情做好呢?只要如此坚持下去,相信上司自然会改变各种念头,表现出唯一的"感谢"之意,岂非功德圆满,大家都欢喜?这种自发、自动、自主的力量,才是中华文化的精髓,成为21世纪人类的主导价值。

受到上司信任的部属,听到"你自己看着办好了"这句话,即使心中十分受用,也不应该因此而自骄自满,以免大意失荆州,阴沟里翻船。要保持平静的心态,谨慎地从头到尾再检查、再思考,好好地完成任务。

> 中国式管理主张化繁为简。但是,未经深入分析,不容易抓住重点,简易不得。

如果听到这句话时,旁边还有其他人,赶紧把这句话当作警讯:是不是问了不该问的问题?人不对?时候不对?还是有其他的原因?千万不要慌张失措,接二连三地错下去。

平日不得上司赏识的人,听到这句话,应该抱着欢喜的心情。再一次获得接受考验的机会，怎么能够掉以轻心，不好好表现一番，建立自己的信誉呢?

带有叛逆性的部属，更应该自我反省。自己的好辩争胜，已经迫使上司采用这种柔弱的态度。如果再搞下去，上司必然翻脸，使自己难堪。不如抓住机会，自己好好斟酌，然后带着腹案去请示，以改善彼此关系。

表现欠佳的人，当然要深切体会上级的善意。忘掉过去的种种，把握这一次机会，务必好好表现。每一次工作都是难得的开始，保持这样的心情，不可能产生反感，也不可能自暴自弃。

中国式管理主张化繁为简。但是，未经深入分析，不容易抓住重点，简易不得。所以刚入社会的人，应该耐心学习，从繁杂中逐渐领悟，才能够精准地以简易来反应。

一句话有好几种解释，这是十分常见的。每当听到一句话，如果是自己重视的那一句，当然要费心研判。久而久之，自然可以找出精准的简易性，愈来愈轻松。

第十七章 交互

上司要看得起部属，部属要对得起上司。一方面"看得起"，一方面才"对得起"，彼此是相对的，称为交互性。有一方面"看不起"，就可能引起另一方面的"对不起"，这才是合乎人性的互动法则。

"仁义道德"长久以来已成为中国人的口头禅，人人都会说，却大多不求甚解，并不了解它的真正意义，以致口耳相传却不能在日常生活中付诸实践。"仁"是孔子的伦理学说，在《论语》里，讨论得最多的便是"仁"。然而孔子并不直接对"仁"做出解释或下定义，他似乎想要大家自己用心去体会。孔子的真正用意是唤醒大家，希望人们在日常生活中把"仁"实践起来，这比说"仁"要重要得多。至于"仁"的概念，可尊重各人的心得，不一定需要一致的说法。因为我们每一个人，多少都有些个体差异，处境也各不相同，所以在实践"仁"的过程中不应加上太多的限制和束缚，这样才能站在各人的立场上尽力而为。如果设定过多的戒律，势必会引起虚伪、造作、形式的遗憾，流于唱高调和做表现，反而妨害"仁"的施行。

"义"是孟子的伦理学说,他继承了孔子的思想,认定"仁"是一切道德的根本。"仁"是良心的表现,而"义"则是应走的途径。用现代的话来说,即"仁"必须合理,才是合乎人性的"仁",而不是滥用感情;"义"解释为合理,凡事以合理为衡量标准,"无过与不及"是孟子的最大贡献。他并不反对合理的利,只是拒绝接受不合理的利。

> 做人应该公道和私德兼顾并重,才有资格被称为君子。

至于"道德"的含义,那就更加复杂了。古书里把"道"和"德"二字合成一个名词的,首现于汉初司马谈对先秦学派的评论中。一般来说,"道"指公众性的通行大路,而"德"是个人行路的能力和结果。"道"是公的,形于外的;"德"则是私的,存在于各人的内心。做人应该公道和私德兼顾并重,才有资格被称为君子。

"道"与"德"分开来看,就人而言,"道"是大家言行的准则,"德"是各人所表现的合理态度或正直善良的行为;就物而言,"道"指万物所共同遵守的法则,"德"即各物所具有的性能。我们常说"上天有好生之德",指的是老天爷具有提供人和物生长的本性和功能。但是,将"道"和"德"合称为"道德",那是人类的专利,也是人之所以称为万物之灵的关键因素。我们不能说天地日月、飞禽走兽具有道德修养，只能说人有道德。道德是做人的态度，也成为人类的衡量标准。我们把人与人的关系看得十分重要。人与人间的关系，主要决定于人与人之间的道德表现，我们特别把它叫作伦理。中华民族既然重视伦理道德，我们的管理自然也不可能例外。

"伦"是人与人之间彼此相待的生活关系；"理"为人群生活关系中，彼此交互的道德法则。我们的伦理道德，是群体

> 儒家所倡导的，是尧、舜、禹、汤、文、武一以贯之的中华大道。

与个人并重的。伦理偏重于群体，而道德则偏重于个人。人人从修身做起，把自己的道德修养做好，再一层一层往外推，在父子、君臣、夫妇、长幼、朋友这些关系中，讲求伦理。然后在不同的关系中，提出道德的重点，这才构成父子有亲、君臣有义、夫妇有别、长幼有序、朋友有信这五种不同的关系和重点。这五种关系称为五伦，这五个道德的重点称为五德。最好先搞清楚彼此是什么关系，然后再表现出这种关系所应该表现的合理言行态度，以免扭曲或错乱。

儒家所倡导的，是尧、舜、禹、汤、文、武一以贯之的中华大道。战国时期百家争鸣，各种不同的学说先后出现。

明理：曾仕强说做人做事的道理

司马谈把这些学说大略区分为阴阳、儒、墨、名、法、道六家。后来刘向又把他们分成九种流派，这才出现三教九流的说法。经过历代的演变，证明阴阳、墨、名、法、道、纵横、杂、农各家的学说，都是一偏之见的偏道，只有儒家才是平实可行的中道。两千多年来，中华道统在于儒家学说，儒家学说也成为中华文化的主流。

　　唐朝韩愈提出"原道"的主张，指出"道"就是仁义。依据韩愈的说法，仁义是道德的内涵，而道德则是仁义的表现。问题是，知行固然有合一的可能，却也有分开的必要。否则行之日久，逐渐不知或不完全了解，也会反过来影响行的效果。孔子再三说明"学"的重要，强调"知之为知之，不知为不知"。大家如果都重实践，却走错了方向，偏离了中道。大家不重视知识的追求，是因其望文生义、不求甚解和自以为是的偏差心态，由此出现了"满口仁义道德，整天为非作歹"的可怕后果，使大家不但对中华道统丧失信心，而且把一切责任都推给儒家。实际上是长久以来，我们严重扭曲了儒家的道理，加上食古不化，使中华道统愈来愈僵化，非加以重整不可。

> 孔子说"仁者，人也"，"义者，宜也"。

　　中国式管理如果把大家带回从前，简直是死路一条。中国式管理必须现代化,首先要做的便是正本清源,破除长久以来人们对中华文化的曲解与误解,把那些不当的言论加以导正,才会有现代化的功效。而最根本的误解,是把儒家看成儒教。我们只有儒家,没有儒教。因为孔子从来不重形式,也没有戒律。他只是述而不作,把合乎人性需要的道德修养整理出来提供给大家,依据各人的实际情况自由参考,并没有统一的标准。一旦提出严格的要求,形成教条,就不尊重人的自主性了,那是儒家不愿意做的事情。

自有人类以来,便有道德的事实。然而,随着人类的不断演化,道德的内涵随之产生变化。"大学之道,在明明德,在亲民,在止于至善。"这告诉我们,要学做一个被大家看得起的君子,必须由修己安人而进入"至善"(顶好、圆满、和谐)的情境,这便是中华民族固有的道德观。要完成"在职场中不断充实自己、提升自我"的人生任务,最好的办法便是重视人与人之间的关系,在群体中完成自我;最有效的方式,是以仁义道德待人。

孔子说"仁者,人也","义者,宜也"。意思是人与人的相处,应该以人为本,看重人,

> "恕"是仁的一种表现,也可以说"恕"是仁的一面。

注重人事的变化。不论爱人或恶人,都能合宜才是合理的

态度。

仁和爱看似相同,却不尽然。爱人是广泛的,只要是人,便不能不爱。因为爱是平等的,不应该有差别;仁则是有差异的,先从爱自己做起,以自爱为起点,逐渐向外推展。而且亲疏有别,不能一视同仁。道德的名目,虽然因人、因物、因事而有不同,根本的原理却只有一个,那就是仁。

孔子把道德称为德行,以自己为主体,他人为客体,彼此良性互动。主客之间的关系,应该是相对的,而不是绝对的。凡是把儒家学说解释为"一定"如何如何的,大概都不符合孔子的原意。汉朝董仲舒"罢黜百家,独尊儒术",其实是对儒家很大的伤害。因为后来的学者,大多把儒学弄得十分僵化而缺乏弹性,难怪有"儒教"的称呼。

人与人之间,彼此"看着办",并非一定要怎样才算合理。子贡问孔子:"有一言而可以终身行之者乎?"意思是有哪一句话是应该终身奉行的?孔子说出"恕"这个字,解释为"己所不欲,勿施于人"。

"恕"是仁的一种表现,也可以说"恕"是仁的一面。我们不需要一天到晚,把爱人挂在嘴巴上,而应该"己欲立而立人"(自己要站起来,让别人也站起来),"己欲达而达人"(自己想发达,让别人也能够发达),"推己及人",先自爱而

第十七章 交互

后爱他人。要明白自爱不可以限制在爱自己的小范围内，以免成为自私自利的小人。要在自爱之后，能够"上半夜想自己，下半夜想想别人"，向外拓展，达到爱他人的境地。一方面对他人忠诚，一方面也对他人宽恕。仁义道德，便可以从自己做起，落实在生活上。

鲁国的国君定公，有一次问孔子："上位者对下位者，下位者对上位者，应该采取什么样的态度？"孔子回答说："上司要看得起部属，部属要对得起上司。"一方面"看得起"，一方面才"对得起"，彼此是相对的，称为交互性。有一方面"看不起"，就可能引起另一方面的"对不起"，这才是合乎人性的互动法则。但是，过分的以牙还牙，也属于不义。所以"恕"的意思，便是一再包容、宽恕、体谅，给对方一些调整、改善的时间。

> 我们的道德生活，必须兼顾修己和安人。

我们最好认清，西方的个人道德主要来自对神的忏悔，并不是修己。我们的道德生活，必须兼顾修己和安人。除关注个人之外，还应该重视他人的感觉。我们不完全为个人而活，也不完全为他人而活。我们主张在群体中完成自我，这十分符合人类生存的实际状况。

就管理来说，企业既不是友谊的结合，也不应该成为利害关系的组织。如果能够真正做到以人为本，把同人都当作人来看待，并没有把人当作工具的偏差观念，那么所有的成员都是"管理者"，同时也都是"被管理者"，这时候组织变成仁义道德的结合体。一方面保持道德的平等，一方面毫无私心地相互配合。人人自爱，努力修造自己，并且推己及人，将心比心，包容宽恕，设身处地，为他人设想，力求在安人中追求共同进步。

现代社会，常见个人为求满足其一己的享乐而牺牲了自己的健康，并且危害了社会大众的安全与发展。中国式管理，在经济道德方面的贡献表现于个体与群体的交互性，确立在永保和谐的大前提下，不拘泥于固定的形式，能够与时俱进，加以合理的调整。